封面圖像設計概念

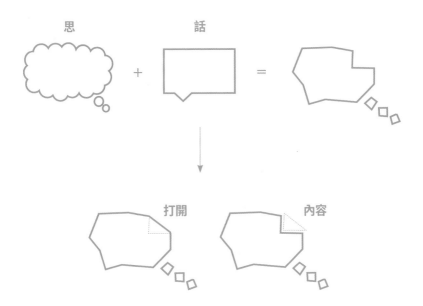

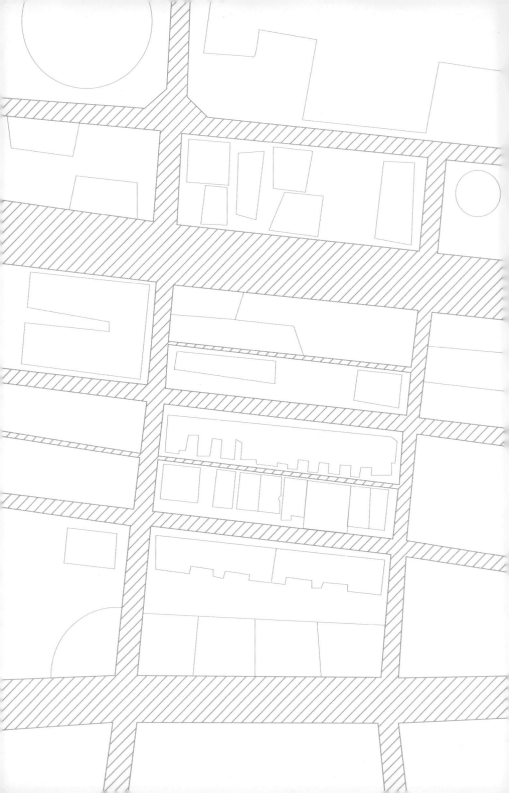

青森
文化

建築

話

心

建構・未來
設計・永續
躍動・都市
開創・未來

美好
幸福

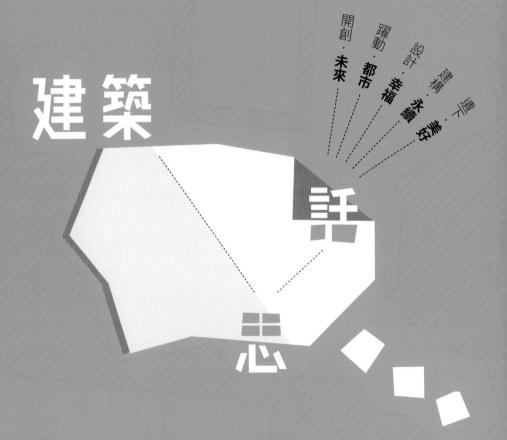

香港建築師學會
The Hong Kong Institute of Architects

目錄

■ 躍動・**都市**

■ 遺下・**美好**

自序

　　香港建築師學會會員從 2012 年起於《信報》〈建築思話〉專欄撰寫近四百多篇文章，適逢今年學會成立 65 周年，並以「人人建築」為主題，我們從中挑選出 65 篇文章結集成書，盼能以此分享給大眾以作交流。

　　我相信建築師應該好像「文化工作者」般，不單要有審美眼光，且要有敏銳的人文觸覺，對人們生活有深刻體會，再結合心思意念，加入「以人為本」元素設計建築，賦予建築物生命力，訴說歷史進程中建築設計不同的取捨。

　　建築師在城市建設中扮演極其重要的角色，需要有熱誠抱負，肩負起改善市民生活空間的責任。建築師的抱負就是把文化、時間及空間有機結合，以專業知識研究如何配合各持分者的需求，建設以人為本的居住環境，呈現當代文化魅力和生活美學。

　　誠然，建築與書冊同是文化載體，能夠作傳承和盛載記憶。會員除了日常工作於圖則呈現建築設計，還能透過於建築思話專欄撰稿，以文字來表達所思所想，並以此作為我城發展的憶記。希望讀者通過這本選集，對建築伴隨社會變遷的緣由有更深入的了解。

蔡宏興 建築師
香港建築師學會會長 2021-2022

我今年已經是第二屆擔任香港建築師學會規劃及城市設計委員會主席。自 2012 年以來，香港建築師學會規劃及城市設計委員會已開始為信報撰寫〈建築思話〉文章。在這十年間，香港建築師學會會員已經發表了近四百多篇文章。主題涵蓋建築、城市設計和規劃議題，藉此亦表達了我們對城市發展的建議。令建築師感到鼓舞的是，公眾越來越重視香港的宜居性和可持續發展性。我們的城市是社會構建共同生活的環境，反映了我們對社會及文化的價值觀。因此，規劃和城市設計對每個人都非常重要。

　　在今年香港建築師學會成立 65 周年之際，我們的編輯團隊從《信報》專欄中精挑細選出 65 篇文章。這些文章分為五個章節，從生活、建築和城市發展範疇上捕捉了香港回歸發展十數年後的點點滴滴。

程玉宇 建築師
香港建築師學會
規劃及城市設計委員會主席 2021-2022

《信報》專欄〈建築思話〉文章能夠結集成書，我們編輯團隊實在要感激學會會長和規劃及城市設計委員會的支持。我們是次從四百多篇的專欄文章選出書中 65 篇，當中難免有滄海遺珠，盼眾會員能見諒。

　　建築師作為發展城市面貌不可或缺的角色，需要協調各方要求，並以大眾福祉為考慮，以圖紙、模型及落成品勾劃我們的所思所想。除了市民作為日常用家身份感受我們設計的建築外，我們希望此書作為建築師學會會員對我城及建築的評論想法，能讓大眾更認識本土建築師的各種面向。

　　此書出版之際正值我們香港建築師學會成立 65 周年，出版此書除了作為其中一個慶祝活動，更盼能為我城近年發展留下一個註記。

張凱科 建築師
郭永禧 建築師
陳俊傑 建築師
蕭鈞揚 建築師
編輯團隊

開創・未來

世上本來就沒有可以窺探未來的水晶球。面對變幻莫測的環境，人類是在不斷摸索中開創未來。

城市是人類文明的產物，是都市人口一切活動的載體。城市的可持續發展也自然需要好好的規劃未來。

現今香港城市發展較為突出的問題是策略性規劃、土地與房屋供應、舊區更新和生態環境等。本章所選錄的文章也正好就這些課題論述了一些觀點。

張量童

土地及房屋供應一向是困擾香港的重要議題。要解決這一大難題，對於管治能力日益低落的特區政府來說，可謂 Mission Impossible！

近日中央政府高調指責香港特區政府改善住屋問題不力，始見香港各高官終於肯真正迎難而上，切實面對問題。

想不到香港人的住屋問題要去到如斯地步才有望解決！

麥喬恩

「安得廣廈千萬間」，讓市民安居是特區政府重中之重的房屋政策之一。政府一直增加土地供應和致力構建置業階梯，恆常化「綠表置居計劃」和「港人首次置業」先導項目，以滿足公營房屋短中期的需求。政府亦竭力推動房委會和香港房屋協會廣泛使用「組裝合成」建築法和其他數碼化的建築科技如信息模擬技術等，從而壓縮及優化整個建造工作的流程，維持穩定的房屋供應，展現解決房屋供不應求的決心和承擔。

陳皓忠

誰來拯救香港市容？

馮永基

2013-02-21 原刊於《信報》

十多年來，隨著香港不斷發展，到處湧現不少超高大樓、屏風樓、巨平台、高腳屋等獨有的「香江 Style」，令僅餘的空間變得愈來愈擠迫、稠密、悶熱，甚至窒息！

發展商的「抱怨」

特區政府的土地及規劃政策促使「發水樓」應運而生，但大多數市民卻認為這是地產發展商聯同建築師的「綜合智慧」所得出的結果。悲嘆香港的建築設計一向是由市場主導，建築師只能依從既定的售樓策略、用家喜好，乃至風水師傅的意見來提供服務。

大業主一方面對綠色環保生活侃侃而談，另一方面卻帶動商業行為，反其道而行，例如裝置閃爍的戶外燈飾和大幅炫目的廣告，完全遮蔽大廈窗戶，以賺盡每一分錢。

「多」不一定好

與此同時，特區政府相關部門和區議會都把「改善環境」解讀為「大量增加利民設施」，在「多就是好」的價值判斷下，我們不難明白為何各區在區議會的推動下，不斷在僅餘的公共空間增加設施，這包括行人天橋、自動電梯、隔音牆、告示牌、地區牌坊、中式涼亭、路旁座椅、馬路欄杆、區會花盆、有蓋通道、戶外雕塑……

可惜的是，這些加建設施的設計水平既平庸，又不協調，有些更是沒有必要的，並漸漸衍生為嚴重的「視覺污染」問題。不過，誰又膽敢質疑它們的成本效益和優化效用，引致出現如此反智的思維？

各區常見的例子是：既要爭取更多行人天橋，同一位置卻又保留班馬線，導致行人天橋效益不彰；既要附屬行人天橋的升降機，卻又保留坡道，令坡道變成浪費和阻塞街道。另外，在行人道上增設斷續的隔熱上蓋，因而增建支柱，導致通道收窄而衍生盲點，更令人匪夷所思的是，竟砍伐原來的植樹以配合工程。

最近，特區政府宣布花費巨資，於行人天橋加設電梯以方便長者，以及輪椅使用者。這本應是德政，更是一個可替代長坡道以釋放路面空間的大好契機，但問題是，除非由受影響的商戶提出要求，否則區議會並不願意拆除坡道。

可以預見，在特區政府大幅資助各區議會的「地區改善小型工程」上馬後，將會出現更多「各適其適」的工程。包括愈來愈多地區爭取興建有蓋行人天橋系統、上山行人電梯……效益不高之餘，對具有歷史意義的清幽古道和該區街道亦造成視覺污染和不可彌補的破壞。

可建立單車系統

既然各個區議會獲得民政事務局慷慨分配一億港元，可足夠各區提供有突破性的計劃。我建議那些有理念的區議會，可藉此機會在區內設置自助式單車系統，作為區內的環保交通配套，西貢、大埔、離島等區域是最有條件做試點。另外亦不妨以行人隧道取代行人天橋，才算是善用公帑，以及真正改善公共環境。

若然參照人口同樣龐大的國際城市，如倫敦、紐約、東京等，我們會奇怪為何他們沒有汽車天橋和有蓋行人天橋等穿梭於市區中心，亦不會讓廣告燈箱任意橫跨馬路。

儘管這些大城市的天氣比香港惡劣、街道比較寬敞，但她們卻懂得重視空間和街道的質素，不介意丁點兒「日曬雨淋」，亦不容許廣告牌破壞市容，選擇以潔淨的環境，簡約的手法避免一切可能構成視覺污染的建築或物體存在。

應遏抑廣告霸權

從香港人慣性舒適的角度，要搞好市容及改善路面景觀，香港可仿照日本，採用地下商場通道連接地下鐵路，以及以有規範的直度廣告燈箱取代目前任意妄為的廣告霸權，這或許較切合香港的城市發展思維。

香港人不斷詬病過去十多年的過度發展，特區終於對「發水樓」撥亂反正，期望把城市的輪廓、樓宇的規模，回復合乎比例的發展密度。

既然我們的土地如斯匱乏，我們更須珍惜空間。若然要大量增加土地興建房屋，可從維港以外填海入手，但前提是必須減低居住密度，改善整體環境，而非只顧加大「地積比率」，摧毀早已不堪的市容！

為我城發展消毒

張量童

2016-04-16 原刊於《信報》

我們的城市病了。

城市是都市人口一切活動的載體，城市發展不健康，市民也無法安居樂業。

經初步診斷，香港近年受到兩大病毒入侵，且有快速蔓延的趨勢。這兩大病原體一種來自政府，一種來自民間。

在香港，「鄰避」心態（nimbyism）非常普遍。Nimby是 not-in-my-back-yard 的字母縮略詞。市民對一些必要的社會設施抱著「不要在我後院」的態度。鄰避設施包括精神病院、中途宿舍、露宿者收容所、軍事設施、焚化爐、發電廠、骨灰安置所、殯儀館、海水淡化廠等等，理由很簡單，因為他們認為此等設施必然影響居住環境甚或樓房價值，所以無論政府或民間企業就此類設施於申請規劃變更土地用途時，處處碰壁。小部分立法會與區議會議員還投市民之所好，推波助瀾，藉以希望獲得更多選票。城市發展整體受到窒礙，許多經濟活動和民生相關的活動，也無法有效進行，最終受害的仍然是普羅大眾。

城市發展的另一大病原體是「士紳」。士紳化一詞來自英文的 gentrification。在香港，士紳化現象體現在部分市區重建項目，與房委會 2004 年把商場和停車場分拆予領匯兩事之上。前者因重建而導致原區的地價和租金上升，原區的低收入者由收入較高者遷入取代；後者被視為香港公共屋邨

商場士紳化的例子。

市區重建的原意是把舊區的土地資源重新整合規劃，讓原區的生活條件得以改善，例如拓寬車路、增加社區設施，藉以彌補該區的「規劃赤字」（planning deficit），最大程度上讓居民原區安置，讓原來賴以維生的行業得以延續生存，社會網絡不致破壞，目的不應是重建面積最大化。可惜的是，市建局的一個緊箍咒是「不可以蝕錢」。

領匯（後改為「領展」）的概念一直為人詬病，是2003 年政府於 SARS 後急於開拓收入來源的短視錯招。結果，公屋居民要付出昂貴代價購買生活用品，原來一些傳統的行業如補鞋、補衫、水電修理，甚或傳統工藝則無以為繼。

細心分析，這兩種病原體得以在城市滋生，原因是政府的城市發展管理機制出了問題。首先，市建局不應以賺錢為目標。個別重建項目的可行性與財務安排應要著重考慮「社會影響評估」（social impact assessment），把有需要重置或添加的一些社會設施納為項目的必要條款。項目的定位和財務計劃不宜由市建局決定。

筆者建議可成立由政務司司長和財政司司長聯席主持的高層次「城市發展督導委員會」（「城督會」），審批每個市區重建項目，藉以兼顧其他社會效益，提供政策和財政支持。

市建局的角色應重新定位為「市區重建項目經理」，負責為重建項目制訂最適合的重建方案，真正做到以人為本，以社會整體利益為基線。

城督會亦可改善目前城規會的架構弊病。城規會現時的工作量可謂文山會海，處理的個案問題複雜、文件繁多、時間冗長，試問兼職的城規會委員，何來那麼多時間充分了解

每個申請的詳情，他們惟有依賴規劃署送來的文件和建議作為依歸，甚少對規劃署的立場提出相反意見。

規劃署的處境有時亦值得同情。在個別規劃申請過程中，規劃署擔任城規會討論文件的制訂人，當同級的其他部門持不同甚或不大合理的意見時，規劃署很難提出質疑或凌駕性的否定意見。建議在有需要時，規劃署署長可向城督會尋求指示。

城督會將起平衡協調各部門不同意見的作用，一方面可以覆檢各部門的評估；另一方面，可以從社會效益、整體經濟發展的角度考量個別申請的社會價值和貢獻，指令有關部門採取有效的措施和資源調配，積極支持相關申請項目。這便可大大減輕規劃署單獨承擔平衡各同級部門意見的壓力。同樣，當「鄰避」效應衝擊值得支持的社會設施時，申請人亦可通過一定機制，要求城督會覆檢各部門意見，並給予政策支持。

看來，通過體制上的改動，才有望擊退這兩大城市發展病毒。

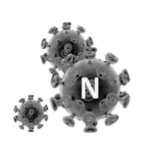

NIMBYISM   GENTRIFICATION

「鄰避病毒」和「士紳病毒」

城市規劃應有的視野

解端泰

2012-09-27 原刊於《信報》

7 月初，享負盛名的英國建築大師羅傑斯（Richard Rogers）蒞臨香港，在中環開了個作品展，介紹他過去四十年的傑作。

羅傑斯是國際建築界的稀有異數，他的成就毋庸置疑──早在三十多年前，憑他與意大利建築師皮亞諾（Renzo Piano）共同設計的巴黎龐比度藝術中心（Centre Georges Pompidou），奠定了所謂的「高科建築」風格（High-Tech Architecture），對日後整個建築工業界的發展影響深遠。

倫敦規劃的啟迪

不過，羅傑斯的貢獻並不止於圖紙上，他還是一位「思想家」，為如何營造優良生活社區、豐富人們對城市的體驗出謀獻策；特別是在城市規劃方面，他的視野大膽而正面。他曾多次獲委任為英國政府和倫敦市長的特別顧問，為倫敦的長遠可持續發展規劃，制訂了一套超越建築、集百家之大成的宏觀策略。當中幾個重點，尤其值得我們借鏡：一、加強保育和規管倫敦市內外的綠化帶，遏止城市不斷往外擴展的形勢；二、採取先改造、後擴建的策略，著力發展倫敦市內一些殘破舊區，重修社區脈絡，回復良好城市的氛圍，迫不得已時才考慮擴展市外；三、為改善空氣質素，鼓勵節能，實現英國政府承諾到 2020 年和 2050 年分別減排 34% 和

80% 的目標，所有進入倫敦市中心區的燃油汽車，須繳交額外碳排放費，藉以挫減汽車使用量；四、在 2050 年前，把 60% 的倫敦市整體能耗改由再生能源提供；五、摒除過往住宅、辦公分割規劃的常規，改為採納融和規劃模式（Mixed Development），刻意淡化富有和非富有的區域界線，促進社會多元共融；六、立法要求任何新建的住宅發展項目中，有不少於 25% 的單位是社會能力可承受的經濟型單位；七、建設更多的單車徑、行人通道、公共交匯站和轉乘設施，減少依賴私家車；八、配合人口增長，增加主要公共交匯站鄰近地區的建築密度，盡力提高公共交通設施的使用及運作效率；九、促進建構一套完整而覆蓋面廣的公共空間網絡系統，尺度大小，各適其適。

未認清「交功課」對象

　　細看以上各點，很多也跟香港現今面對的城市發展困局不謀而合。但歲月蹉跎，我們過去又曾為我們的生活環境制訂過多少高瞻遠矚而又走在世界前端的政策？

本地建築規劃界的同業，以至政府中的各個專業部門，人才不缺，但又有幾多人有這顆熱心，跳出「一盤生意」、「一份長糧」或「一屆任期」的視野？整體的城市發展，又有誰真的知道我們正朝著哪個方向走？

　　正在城中鬧得火熱的新界東北規劃諮詢便是個好例子。究竟是「想融合」或「不想融合」？為什麼「耕權」可以犧牲而讓路予發展需要，而「丁權」就必須維護？公私營房屋的分配與比例，是否要加可加，要減又可減？整套規劃背後的理念是否真的經過周詳的分析和考慮才出台？

　　論國力，英國已遠不及當年；論財力，倫敦亦趕不上香港，但總有一些英國人每每可在某些領域、某些時刻帶領世界潮流；英國的「軟實力」在世上仍是舉足輕重，原因在於他們文化中的世界觀和視野，都是以「人類」整體福祉為終點 —— 先在自己的專業領域做到最好，再向世界「交功課」！

　　曾幾何時，香港的「專業」也承襲了這份世界視野，從不拘泥於西方的、東方的或有什麼自家特色的。不過，近年來，口號文化取代實幹、領導思想取代專業判斷、向北觀取代世界觀、狹隘的功利計算取代宏大的抱負……交功課的對象搞不清楚，原因為何？這倒是個值得在「德育及國民教育」科中認真探討的問題（假如它還存在的話）。

從西九超支看指鹿為馬

麥喬恩

2013-07-11 原刊於《信報》

　　西九超支一事，近日愈吹愈烈。普羅市民開始擔心西九管理局有沒有「睇餸食飯」或「洗腳唔抹腳」，擔憂假如政府不追加撥款，西九會不會「爛尾」？

　　有「消息人士」經報紙「放風」，指西九管理局有意削減或取消未來的西九場館建築設計比賽，以圖減省顧問費，降低成本。亦有指西九管理局有意增加整體地積比率 10%，藉此增加賣地及營運收入「填氹」。更有人提出採用「設計與建造合一招標」（Design and Build Tender，下簡稱「合一招標」），可助控制成本及節省時間。

　　人云亦云當中，不難察覺港人對「指鹿為馬」之事，原來已經麻木了！

取消比賽免超支？

　　首先，要把超支一倍的財務責任歸咎舉辦建築設計比賽，實在是個天大笑話（只是筆者卻笑不出）。要追溯超支的源頭，除了整體通脹之外，筆者相信問題出在設計「要求」上：2008 年西九管理局的撥款申請是建基於什麼樣的設計來估算？在過去四、五年間，場館的設計與設備要求是否有變更？

會不會明明手中只有十元，有人卻好高騖遠想食鮑參翅肚九大簋呢？

據「消息人士」了解，表面上是為了尊重建築師的創作空間，設計比賽的技術指標要求都刻意留白，訂定得不太細緻，但實際上西九管理局很可能是為了趕及已承諾的項目落成時間表而趕急推出建築設計比賽，以至文件內容較為粗疏，很多時都要求參賽單位按其專業判斷「自行建議」一些他們認為有需要的配套設施。

既然西九文化區一向高舉「國際級」的旗幟，而比賽文件中又沒「訂明」造價的上限，「國際級」建築師及其「國際級」顧問團隊在參賽作品中建議一些符合「國際水準」的設施，或採用一些造價較高但效果較佳的設計，實在是無可厚非。

畢竟世上「平、靚、正」的事物，只有香港人才天真地相信是自然地存在！

誠然，假若西九管理局能在建築設計比賽中訂定好一份詳細的設計要求，為造價確立一個合理上限，並以此作為評審比賽作品的其中一項準則，相信以各國際及本地建築設計大師的功力，要設計出「不超支」的國際級場館，絕非難事。

分階段的設計比賽

其實，香港建築師學會一向積極推動本地建築設計比賽以求集思廣益，提升本港建築設計水平。學會亦曾建議西九管理局以「兩階段形式」舉行比賽：第一階段純屬概念形式（毋須設高額獎項），主重創意較量，經篩選後入圍第二階段的三至四個作品才需組成各自的專業顧問團隊，設計的技術指標亦變得嚴謹，為技術可行性及造價把關，將軍澳的香

港知專設計學院便是十分成功的例子。

此比賽模式雖較費時，但參賽的門檻較低，可吸納更多的設計意念，亦可降低比賽的成本。惟有關建議並未獲西九管理局採納。

合一招標可取？

建築署近年極力鼓吹的「合一招標」採購模式採用了一個頗「走精面」的做法 —— 項目先進行招標，由承建商「包底」，待選出了中標的設計後，才呈上立法會財務委員會申請撥款。實行「睇飯叫餸」，試圖降低超支的風險。

假如各位以為筆者是支持這類合一招標的話便大錯特錯了。行內眾所周知，合一招標的模式是只適用於建設一些只須符合「最低功能指標」而又無什麼特別設計要求的工程類別，例如隧道、地基、工廠大廈及醫院等。合一招標項目的設計雖然也是由建築師負責，但主導項目的卻是承建商。

由於造價已在定標時訂定，形成了日後做得愈少賺得愈多的現象，影響建築質素。而且，標書條文內容完全由業主（即政府）負責，風險自行承擔，但凡招標時設計上沒有明確要求的，承建商一概不做或以最低價的方法把它完成。情況就好像阿 A 應承收你一百元幫你買橙，如果事前沒有講清楚，最後阿 A 用兩個又酸又乾水的橙來交貨，你也「奈佢唔何」。

再者，縱使採用了合一招標也不保證項目不超支，添馬艦新政府總部便是「經典陣亡」的好例子，一旦出現超支，因為標書條文內容完全由業主（即政府）編寫，當中的錯漏責任誰屬便會引起極大爭議，令政府極為尷尬。

文化藝術場館對空間和美感的要求很高，亦很抽象和主

觀，尤其是聲樂效果，就是用上千言萬語的條文也未必可以講得清楚。

加上西九管理局過往編寫設計要求文件的粗疏表現，採用設計與建造合一招標只有「死路一條」，這是以起社區會堂的視野去起「國際級」表演場館，最終的西九場館可能不是簡約，而是簡陋！

增加地積比率？

觀乎國內（甚至本地）十室九空的零售商業項目可說是多如天上繁星。營運收益往往取決於營運方法和地點多於營運面積。多起一呎未必可以多賺一呎，但增加樓面面積便一定增加建築成本，亦增加了營運開支。

西九的營運地點是先天缺陷，若管理局不積極改善文化區與周邊的接駁，只談增加面積是救不了西九的！再者，西九的總體規劃為了釋出大量綠化用地，當中的建築群其實已經很擁擠。再加上高度限制和未知的種種「發水」元素，若要創造一個休閒的人文空間，實不宜增加地積比率。筆者相信管理局亦毋須把現時香港市區的擁擠景況重現在文化區內。

西九管理局還是先專心研究如何為香港打造一個好的文化區吧，一個好的文化區不一定要動用數百億元的！

看罷此文，又有多少人覺得筆者是在「指鹿為馬」呢？

我們活在時間 而非空間……

陳健鏘

2020-07-20 原刊於《信報》

　　香港近 10 年不斷發展鐵路基建，屯馬線、沙中線、港島南線，以及未來 10 年的北環線、屯門南延線、東涌西延線……隨之而來的新市鎮發展、明日大嶼計劃等，令市區版圖不斷擴大，區域邊境日漸模糊。我們衡量一個地方的遠近，開始不再取決於地圖上的距離，而在於我們能否 10 分鐘內到達中環。這樣的轉變究竟會對建築設計帶來怎樣的影響？

「競速學」

　　法國當代文化理論家、城市規劃師及美學哲學家保羅‧維希留（Paulo Virilio）曾說：「誰擁有這地方就有權主宰它。主宰權從不是受法律及合約所約束，而是由那地方的活動及流動性所支配。」

　　在其著作《速度與政治》（Speed and Politics）中，保羅‧維希留給世界介紹了一個嶄新的概念 ——「競速學」（Dromology），此概念對於架構一個社會及城市尤其重要（Dromos 的希臘語為「行走」〔 Virilio 1977 ： 47 〕，亦為「速度」）。

在電影中　香港不斷流動

　　一個城市的架構，根據保羅‧維希留所說，是建基於其在戰爭時的活動和流線。城市與城市之間於地理上的組織策

略是由其相互的流動性所連繫的。整個世界是由速度發展而成的,而高速較低速有優勢。

　　高速的交通壓縮了空間,剩下的只有時間。因為空間變得零碎,所以每個人的所在地變得不再重要。

　　昔日的「空間——距離」,由現今的「時間——距離」所替代。地理上的空間變成以時間為單位。我們開始將不同地方的位置用時間性去理解。故此,速度變得更為關鍵。過去數十年間,我們從一個地方到另一個地方以星期計算,加速至以分鐘計算。空間被徹底地壓縮,全因為我們只需要愈來愈少的時間到達目的地。故此我們理解不同地方的遠近,將以旅途時間作為指標。

　　在王家衞導演創作的《重慶森林》中,時間——空間的壓縮的概念早已細膩地以不同的錄像呈現。王導演與眾不同地以行動及速度來描繪香港。在電影中,我們不再看到高樓大廈及維港景色,而是看到一堆堆壓縮的高速活動及影像。他運用了抽幀拖影技術(Step-Printing Technique)去創作一系列壓縮而且非連貫的情節。在開首的部分,他記錄了警

察與疑犯的追逐,城市及市民的影像十分朦朧,就像一條不停流動的河流。諷刺地,主角部分的影像則被硬生生地拍下來。在他的鏡頭下,香港的建築彷彿在不停地轉變、流動。

速度污染 城市的概念

「時間 —— 空間」的壓縮引發了另一方面的問題,令整個世界面對著一種新的污染 ——「非空氣,非海洋,而是速度污染(Dromospheric pollution)」。速度污染令世界變得全球化,大家跟隨著同一個時間活動,空間的距離變得不重要,區域的價值及文化以時間劃分,城市設計亦因此須作出重大改變。

保羅·維希留認為城市的首府在將來不會具備任何社會功能,而是會作為「速度」的交匯點。「競速學」會引致邊境變得愈來愈模糊,地域的概念漸漸被時間所區分。

「建築由地區性到區域性再到邊境性。漸漸地,沿著鐵路而建的零星建築物變成同一個身份模樣的建築群……」當城市之間的邊境變得模糊,城市及鄉郊的界線逐漸失去,整個城市會慢慢地形成一個巨大的都會。建築,成了高度標準化的設計及風格,繼而建設了一個又一個既陌生而又熟悉的新市鎮。

這樣的城市發展不禁令我們反思,在解決土地問題的背後,我們正面對一個前所未有的城市空間壓縮。當你從鐵路上看,建築物的細節及裝飾會簡化為輪廓、體積及刻度。我們不再如以往般體驗建築,我們甚至不再感受到個人空間,而是只感受到建築物之間的關係。整個城市似乎變成了一部正在移動的動畫,每一秒一秒地經過,卻從沒有一刻停下來。

香港有限未來與大嶼山發展

麥喬恩

2016-07-30 原刊於《信報》

　　由發展局局長牽頭的大嶼山發展諮詢委員會，在今年 1 月底發表第一份工作報告，並展開為期 3 個月的公眾參與活動。其實，公眾參與摘要文件涵蓋的範疇雖然極廣，但內容卻極為空洞，所謂「願景」、「策略性定位」、「規劃原則」，甚至「主要建議」都只是「講咗等於冇講」，欠缺足夠的參考數據或資料，公眾或專業團體就算想給意見也不知如何入手。

　　就以文件當中的「東大嶼都會作長遠策略性增長區」為例，所講的實際上是一個規模極大的人工島填海工程計劃，坪洲與梅窩都極可能受到影響，文件中卻隻字不提，亦沒有交代填海的建議位置與填海面積。

　　如此龐大的人工島工程，造價一定是天文數字，再配合「香港第三個核心商業區」的包裝和政府的一貫高地價政策，實在很難想像有關建議在可見的將來，能夠解決基層人士所面對的住屋問題。

　　以最昂貴的人工島來造地真的值得嗎？有充分的經濟數據支持嗎？再者，真的是你們說這個人工島是「香港第三個核心商業區」，它便會變成「香港第三個核心商業區」嗎？

　　就大嶼山發展的保育議題，筆者發現文件中建議大澳漁村列作「景觀」，以作保育。筆者不是保育專家，對保育也沒什麼研究，但個人認為如果只保育大澳漁村這個「景觀」

外殼，而忽略漁村背後的生活與文化保育的話，算不上是真的保育；徒具外殼的漁村，與那些叫作漁人碼頭的主題商業發展項目有何分別？要保育大澳漁村，最根本的是要保育香港的捕魚業。

此外，大澳漁村的棚屋是這個譽為「東方威尼斯」的地方最重要的特色（沒有「之一」），因此亦應保育棚屋及其建築技術，並研究如何改善棚屋的居住環境（這一點，相信不少建築師會踴躍參與）。只有這樣，「真・漁村」與「真・棚屋」才能有效受到保育，逃過遭社會淘汰的厄運。在香港，只注重外表而忽略靈魂的所謂建築保育，例子比比皆是，政府與建築業界真的要好好檢討。

值得一提的是，大嶼山發展諮詢委員會竟然建議昂坪纜車延伸至大澳！在沒有完善交通配套的情況下，每逢周末假日已經迫爆的大澳，你還想運多少人去把它踏平？這種罔顧小漁村吸納人潮的天馬行空建議，竟然出自由發展局局長牽頭的委員會！大家對香港未來的發展還可以寄予什麼厚望？

文件中亦有提及「善用自然資源」，建議增加郊野公園的吸引力，改善及增設行山徑、園地及營地設施。Oh! My God! 委員會竟然以為大興土木來「方便」郊遊人士，吸引多些人郊遊，便叫做「善用自然資源」？正當世界各地的郊野活動人士都以「山野無痕」（leave no trace——郊野活動時對自然環境盡量做到零騷擾）為目標的時候，我們的大嶼山發展諮詢委員會卻建議香港走回頭路。

　　筆者只可以說，委員會是不問世事，好心做壞事了。絕大部分喜歡郊野的人，就是嚮往那份逃離煩囂都市生活的解脫，有誰想行山時人山人海？有誰想郊野變成假日的維園？

　　說到底，筆者真的不知道是不是有需要為香港有限的未來而發展大嶼山。「50 年不變」的 50 年只過了不到 20 年，眼見香港的「一國兩制」的實踐已是「危危乎」！沒有「一國兩制」，香港其實與其他大陸城市有何分別？

　　沒有了「一國兩制」，還會有那麼多新移民要移居香港嗎？香港人口真的會如預期般繼續大幅增長嗎？沒有人口問題的香港，還會有住屋問題嗎？「50 年不變」的 50 年過後，香港正式與大陸融合，深圳的土地多的是，香港還會有土地問題嗎？香港真的還有未來嗎？

以天橋建造立體都市

梁以華

2014-04-17 原刊於《信報》

今年的《施政報告》提議發展地下空間地區，發展局因而開始研究在四個稠密地區，即尖沙咀西、銅鑼灣、跑馬地和金鐘／灣仔區作詳細探討及總圖設計。

究竟商業區域的地底空間或架空通道是否實際可用？香港錯綜複雜的行人天橋和行人隧道為我們作出的是貢獻還是破壞？世界其他地方有否多層都市的先例或成功個案？

世紀初的夢想城市

1927 年 Fritz Lang 的電影《大都會》（Metropolis），天橋在曼克頓市的巨型建築物之間縱橫交錯，是現代建築主義的重要靈感泉源。可惜這種構思卻因接著而來的大蕭條而未能實現。二戰後一群稱為 Archigram 的英國建築師重燃這種城規的靈感，設計倫敦南岸文化區和東雅格利郡大學的行人天橋系統。

然而，經驗證明，這個意念的最大限制其實不在於工程技術而在於業權法例，連接大街的天橋，兩邊的建築必須屬於同一業權才可行，因而在商業區無法實行。今天，中環延綿不斷的行人天橋和港鐵通道，卻成功地組織起世上最廣闊、最方便的立體都市公共空間，沿自發展商與政府之間的創意合作。

　　香港第一條空調行人天橋於 1963 年橫跨中環遮打道出現，把太子大廈與文華酒店連接起來，比 1973 年建成的著名美國明尼阿波利斯市 Minneapolis 商業中心的行人天橋組群還要早上十年。此後，1975 年建造的香港地下鐵路則以中環站把歷山大廈、環球大廈和置地廣場連接起來，把地底的車站公共空間，通過扶手電梯和私人商場，連接街道上空的行人天橋，聯成一個無縫的行人系統。

　　許多中環商廈的業主於 1980 至 90 年代跟隨，互相協商，並得到政府的政策相助，還連接至政府的公園、碼頭、行人區、架空平台和公共扶手電梯，把這個系統從金鐘擴展至半山甚至海傍，令香港成為世上佔地最廣、效率最高的一個讓行人在建築與街道之間自由穿梭的多層大都會。

　　現今只有少數城市擁有如此複雜的整體行人系統。東京新宿車站成功把行人天橋、舊區町巷及地底商場貫穿起來；加拿大多倫多市則把商業區的六個地鐵站、五十座商業樓宇串連成長達三十公里的通道 PATH；台北的地下街更變身為

繁盛的地底商場……它們的優勢在於市政府的積極推動，與商廈業主協商，讓工程得以成功。

不過，香港現今卻往往因為避免官商勾結的嫌疑而令不少行人天橋到步而不銜接，或隧道因不准設置商業活動而了無生氣，令發展舉步維艱。

香港人的多層通道

香港運輸署曾經積極研究市區增設行人天橋，最後卻無法實施。試問在香港狹窄的行人路上如何同時建造扶手電梯、無障礙升降機和走火梯級這三項必須設施？試問為何正在商場二樓購物的市民必須返回地面、攀登行人天橋樓梯、沿橋跨越馬路、回到地面、進入另一商場再登二樓？試問為何政府十年前以迂迴曲折的隧道取代從半島酒店往太空館的地面過路處，最近又要重置？由此可見，市區行人通道的設計不能紙上談兵，必須遷就市民的實際步行路線和常用場所。在稠密的城市，商廈以行人天橋和地鐵月台連接成無障礙的公共暢通空間，是有效而實際的創意都市設計。香港中環是世上最成功的多層城市核心之一，要延續我們的領導位置，還須各方面的互信和努力。

發展商要除去「賺到盡」的心態，積極研究改建商廈設計，配合天橋或隧道銜接；區議會須要站出來支持合理的公私空間銜接；市民亦應該理解尊重私有業權與公眾利益的平衡；政府亦必須在工務上予以配合、在條例上予以寬免，以及在發展權上予以靈活處理。

立體使用土地以解決不足

陳頌義

2018-02-03 原刊於《信報》

　　土地供應專責小組近幾個月來，就如何增加土地供應，以解決在《2030＋》規劃大綱提出尚欠 1200 公頃土地儲備以供未來 100 萬人口增長進行討論，並根據 10 多個增加用地的方法提出意見。

　　前一陣子，建築師陳祖聲已就一些選項（如放寬 GIC 高度限制）提出意見。在增加土地供應的議題上，除了土地供應專責小組的討論方案，還有很多值得研究的方案；其中一個今天想跟大家研討的方案為「立體多重用途」（Three-Dimension Layer Uses），其實近這五六年來，建築師業內已有頗多討論，並曾於土地供應的公眾諮詢時向政府提出意見。這個方案，就我而言，既能釋放土地發展潛力，亦能修補一些香港城市規劃所產生的「城市裂縫」。

　　什麼是「立體多重用途」概念？簡單而言，在香港，一直以來，普遍的道路、鐵路和休憩用地，都是規劃為平面的單一用途。如道路，除了在地上行車外，道路空間就再沒有其他用途了。這種安排，無論雙線的行車道或是多線的主要行車幹道亦如是。在大部分的情況下，道路只是道路，是一個理所當然的做法，但在某些情況下，究竟有沒有更好的處理方法？

　　剛於建築系畢業時，曾聽一位前輩指出，香港的城市建設已遭道路扼殺。這個說法，看似是個十分誇張及嚴重的指

控，但細心一想，其實不無道理。汽車道路阻礙街道活動，市民很難享受漫遊樂趣，故此現時很多地方已實施交通管制，部分時間改為行人專用區。

從另一角度看，大型幹道往往把城市斬斷，恍如楚河漢界般分隔兩邊區域，互不相通，只靠一兩條行人天橋或隧道連接，區域的繁榮變得不能延續。其中一個例子是，觀塘道把東九龍斬成兩邊，各自有著不同的城市面貌。

試想像，在觀塘道某些路段興建數層高的建築群式或休憩平台，用作連接道路兩邊社區。這樣做，將大大提高遭大型道路斬斷的城市的延續性與社區的可行性，釋放道路的發展潛力。

於我而言，尤其值得考慮的一段，便是新蒲崗、彩虹、啟德一段城市斷裂特別嚴重的地帶。這種想法並非天方夜譚，在某些地區已見使用，沙田火車站、香港會議展覽中心便是成功例子。

在海外，一些以保持大型道路或鐵路興建後城市區域延續性的例子，便是重新興建的大阪站上蓋，它以建築物本身覆蓋 10 多條鐵道，以免鐵道造成的城市斷裂。

在道路上興建的建築物，可考慮用作 GIC 或休憩用地，繼而騰空市內原有的政府設施，用作其他發展。當然，如果覆蓋的路較長，還須作出相關研究和評估。如果政府真的考慮這個建議，並以政策配合，相信在技術和施工層面上可以一一解決。

釋放政府用地

立體使用土地的概念，除在道路上，亦可用在鐵路上。目前在大型鐵路站上興建建築物已是十分普遍，但在站與站

之間的鐵路與建建築物，則未見普遍。一些較為偏遠的新界鐵路沿線，由於附近沒有道路或基本設施，在鐵路上興建建築物未必適合。

不過，市區的鐵路由於鄰近已有道路及其他設施，這一個概念便可細心研究。

試舉一例：旺角東至紅磡鐵路站，鄰近太平道和衛理道的路段，很有潛力用到立體多重用途的概念。現時，這一路段已加蓋隔音屏障，實與一座矮小的建築物無異。

假設，把隔音屏障改成為三四層建築物供 GIC 使用，或可釋放如鄰近染布房街的政府用地，改為其他用途。該段鐵路由於兩旁已有馬路，已能滿足建築條例的大部分要求（如採光、通風、走火等等）；除地下一層不能使用外，它與一般可發展用地無異。粗略估計，上述這路段已有一公頃土地可供運用。

要在香港的已發展核心地段另找可發展用地是十分困難的。筆者相信，細心研究立體用地，是土地供應專責小組討論範圍之外，另一個應積極考慮的方案，以解決香港土地供應問題。

活化工廈 2.0

陳皓忠

2018-11-03 原刊於《信報》

　　《施政報告》在房屋及土地供應政策範疇上，提出香港有史以來最龐大填海的「明日大嶼」，以及把「公私合營合作」美其名的「土地共享先導計劃」，引起社會嘩然，現實與網絡世界均議論紛紛，迴響甚大。筆者卻想趁此篇幅闡述另一為人忽略的焦點：房屋政策內還有一項舊酒新瓶的措施──「活化工廈」。

　　政府在先前「活化工廈」計劃（筆者暫稱之為「活化工廈 1.0」），至今批出合共 124 宗改裝整幢工廈，以及重建工廈的申請。計劃的目的是提供更多樓面面積，以配合香港不斷轉變的社會和經濟需要，亦善用了珍貴的土地資源。

改過渡性房屋的細節

　　面對現今房屋供應最嚴峻和複雜的挑戰，政府經檢討成效後，決定重啟「工廈活化」計劃（暫稱為「活化工廈 2.0」）。新計劃其中一項新用途，就是容許改裝整幢工廈作「過渡性房屋」。

　　具體來說，業主如利用已經或即將整幢改裝、位於分區規劃大綱圖內訂明的「商貿」、「商業」、「綜合發展區」及「住宅」地帶的工廈作非工業用途，並在改裝後把整幢或部分樓層作過渡性房屋，但須依現行條例改畫圖則，政府便會彈性處理規劃樓宇設計等規定，並免收過渡性房屋用途的地契豁免書費用。

不過，常言道：「魔鬼在細節裡。」究竟一幢原工業用途的大廈要怎樣改裝，才可以滿足《建築物條例》下相關住宅用途的要求呢？工廈與住宅樓宇本質上的用途已大相逕庭。工廈原屬非住宅建築，本身可作為貨倉、工業生產的空間，所以原本的設計大都是樓層又深又闊，四四方方，中央位置無窗，無法採光和自然通風。

　　按現行條例，任何居住空間都要符合公共衛生和安全規定，包括疏散通道、防火措施、採光通風、廚房及衛生間設備、排污渠布置等。就現有的工廈設備而言，若要擴大採光面積和可開合通風窗戶，就須要拆除部分非結構的外牆；就算滿足了上述採光及自然通風面積，還要符合單位與窗戶距離必須為 9 米之內。

　　再者，工廈樓層一般都比較高，有些更達 4 米高或以上，以方便工業生產、實質操作上的要求。可惜，屋宇署現行可批准住宅樓層高度最多只有 3.5 米。如果必須遵守此規定，建築師便要考慮重新規劃樓層高度，以迎合住宅的層高，變相要拆卸現有樓板和相連結構及疏散樓梯。改建程度與整幢重建的投資成本和時間相差不遠，有可能引致業主打消改裝為過渡性房屋的念頭。

　　還有，按《施政報告》內引述，改裝工廈後，可把部分樓層作過渡性房屋。換言之，其餘樓層仍然可保留作為其他商業或工業用途，這已構成部分用途不相容的情況出現，尤其保留的樓層作工業或貨倉用途，這不單帶來消防安全的隱患（淘大迷你倉便是一高危用途的例子），還會對居民的生活構成很大的滋擾，尤其噪音和空氣質素。

　　在現行環保法例下，任何居住空間都不能承受超過 70 分貝的噪音滋擾，但活化工廈通常處於工業區內，相鄰密集的道路往往有重型車輛進出，日間交通頻繁，造成過量交通

噪音。因此，業主須要加裝噪音緩解措施，例如隔音玻璃、隔音屏障等，甚至面向交通繁忙道路的窗戶則不容開啟，這便與自然通風的要求互相矛盾。

所以屋宇署審批改建圖則時，如不能採取彈性和酌情權處理，往往會引致部門之間（如環保署、規劃署）各自為政，造成協調繁複和冗長的審批時間，或會影響早有意參與活化的工廈業主改裝成過渡性房屋。

由於各項涉及公眾安全及衛生的規定，發展局應要牽頭成立專責督導小組或委員會，在過渡性房屋議題上促進跨部門協作，研究工廈改建如何有放寬餘地，精簡現時僵化因循的行政措施，以及轄下部門的發展審批流程，減省不必要的繁文縟節，從而加快審批速度，就個別發展參數，如住宅建築公共空間面積、樓層高度、採光通風、開放式廚房等，採取因時制宜的酌情考慮，適度地放寬部分規定。

同時，屋宇署亦可考慮利用工廈本身樓底高的優勢，當可開合窗戶和採光玻璃窗的面積增加後，就算平面布局比較深，理應可以改善日照和通風，作為一定補償措施，以放寬9米距離的規定。

政府亦可容許部分樓層，在顧及公眾安全和保障過渡性房屋居住空間的基本生活質素的前提下，擴大緩衝樓層的可批准用途，以涵蓋更多非工業用途，例如數據處理中心或提供場地予藝術文化界和創意產業，讓這些非傳統工業能有序地在現時工廈的個別單位內運作，從而減低過渡性房屋與其他非居住用途相互衝突的環境實況。相信屋宇署就這類過渡性房屋只會考慮批出臨時居住許可證（Temporary Occupation Permit），並為此設下居住限期，或許3年，屆滿後再按實際社會狀況和當時相關條例規定，作出延期或撤銷的決定。

業主是否願投放資源

　　然而，在商言商角度來看，政府今次重推工廈活化期限內放寬地契豁免書的政策，表面上對發展商仿似給予行政上的誘因，其實只要細心理性一想，屋宇署對這類過渡性房屋雖然放寬了法例最低限度的公共衞生及安全標準，但本質上仍然是居住空間降低了標準，始終不適宜持續供應此類房屋。因此，當活化計劃時限一到，若政府不再延期或重批地契豁免書時，已改建的過渡性房屋如繼續經營出租使用，便會違反地契及相關分區規劃大綱圖內所容許的用途，以及牴觸屋宇署發出的臨時居住許可證所設下的限期。

　　結果是，發展商或工廈業主又要改裝還原為原本的用途，或更改其他容許的用途。這無疑會帶來一定的投資風險，如果沒有足夠利潤回報和相關政策支持，相信很難說服業主投放那麼多資源和成本，去換取一個短中期和隨時受政策影響的不穩定回報！

　　政府善用工廈的政策，其目的和原意相當可取，並展示了政府急市民所急和勇敢果斷的施政方針，但在實施細節和未來安排的計劃上，實在要考慮周詳和制訂具前瞻性和跨部門的策略，以免「雷聲大，雨點小」的政策，數年後便無疾而終。

1

2

3

1. 刻意外露喉管作為建築立面的亮點。
2. 翻新後的外立面保持原有工廈的質感和風味。
3. 簡約乾淨的入口大堂。

「欽點招聘」與「公開招標」

許允恆

2017-03-04 原刊於《信報》

　　早前的幾個星期裡，香港社會一直爭論香港故宮文化博物館的種種安排，為何「無諮詢」、「無通過比賽而直接招聘顧問」？資深建築師嚴迅奇還成為眾矢之的，連日受盡各方指摘，事件去到這個階段，到底應如何了解？

　　在詳細討論前，筆者先要自我申報──本人從不認識嚴迅奇先生，亦從未與他有過任何交談，過往 10 年的工作均與嚴先生的事務所沒有任何關連，所以本人對嚴先生是毫無「感情」的。

　　本人現職項目經理（Project Manager），因此招聘顧問是我的必然工作，無論單一議價，還是「公開競價」，都是經常採用的方法。

　　對私人公司來說，「單一議價」的情況多數是管理層已經心儀個別顧問的設計，所以毋須另邀其他顧問報價，所以只進行「單一議價」。

　　「公開招標」主要是一些常見的工作，大部分名冊內的顧問都有能力勝任工作，所以才「公開招標」，因此很多時都以「價低者得」的方式中標。

私人公司行政靈活度較高

由於私人公司的行政靈活度較高，所以項目經理有權挑選哪一個方式招聘，不過西九管理局作為一個由政府成立的法定機構，加上西九的傳統多數是通過「公開招標」招聘顧問，因此大家都質疑管理局有否違反程序公義。儘管前政務司司長林鄭月娥多番解畫，也都未能平息公憤。

請問「欽點招聘」便一定是錯的嗎？「公開招標」便一定是好的嗎？

無疑「公開招標」是多了一份競爭性，程序上明顯地較為公平，可避免個別管理層因對個別顧問的偏好（或偏見）而影響公司的判斷；再者，公開招標不單給予管理局多一些方案選擇，讓整個行業都有一個爭取項目的機會，也給予年輕人揚名立萬的機會，同時也能吸引國際大師來港獻技。

「公開招標」雖然確實能為業主提供不同的創意方案，很多國際級的大師如 Norman Foster、Zaha Hadid 都是因為參與香港的設計比賽而打出名堂，繼而蜚聲國際。

不過，有一點不得不提的是，Norman Foster 的成名作 —— 香港 HSBC 總行，這大樓當年的預算是 21 億元，這已經是八十年代一般商廈的三倍造價，而落成後的造價是 52 億元，工期還延誤接近一年。

此外，2020 東京奧運主場館設計比賽，原先由 Zaha Hadid 勝出，但該方案的造價達 3000 億日圓，最後要另聘顧問製作一個 1500 億日圓的方案。

以上例子便說明「公開招標」的盲點，若想在國際級設計比賽中勝出，設計方案自然要標奇立異，才能殺出重圍，設計階段多數都不會考慮方案的可建性（Constructability）和業主的負擔能力（Affordability）。

在現有的常規，除非是政府的 Design & Build Contract 必須包含設計和商業部分的評分，否則評判們多數是根據方案的可觀性、實用性和對周遭環境的影響等因素，挑選最合適的方案。

此外，設計比賽多數未必能審核設計團隊的執行力、管理能力與前線工程人員的經驗。

以筆者的經驗來說，儘管該顧問公司在報標文件中列明曾負責雷同項目的經驗，但是個別團隊的執行能力往往是言過其實，甚至可以說是招搖撞騙。

費用與時間預算已封頂

若以故宮館這種特殊項目來說，管理局因為只得到賽馬會 35 億元捐助，額外的款項便要由管理局自行負擔，而且管理局按理在管理和執行上是已經向故宮館作出一些承諾，否則又怎能達成一個長遠的合作方案？

換句話說，項目費用與時間的預算，理論上可以說是已經封頂，因為管理局很難再在立法會為故宮博物館申請額外撥款。

此外，通過設計比賽找來的顧問，可能創意無限而毫無實戰經驗（Norman Foster 當年勝出 HSBC 設計比賽時，便是一個未曾興建摩天大廈的建築師，亦沒有香港工作的經驗），並且未曾與管理局合作，勝出的顧問能否有足夠的能力和經驗確保項目不會超支與延期？未知之數實在太多。

雖然香港的大型建築很多時都是由外國的大師設計，本地建築師只負責管理和執行，這樣便同時組成一隊兼備設計與管理能力的團隊，但是兩者在溝通上引起的問題，絕對不

容忽視，在過往的經驗中，溝通上產生的負能量，是絕對足以摧毀整個項目。

綜觀上述觀點，「欽點招聘」雖然不夠公開、公平，但是若綜合設計能力、管理能力、香港工程的經驗、博物館的設計經驗等各因素考慮，嚴迅奇先生又是否一個好的選擇呢？

各位讀者請自行判斷！

重塑生態海岸線

陳雅妍

2019-01-19 原刊於《信報》

　　土地供應專責小組（下稱「專責小組」）經過 5 個月的公眾參與活動，收集市民意見，總結出最終報告，重申土地短缺問題刻不容緩；專責小組建議政府優先研究及推展 8 個獲主流民意支持的土地供應選項，預計共可提供約 3000 公頃土地；8 個選項包括 3 個屬短中期、5 個屬中長期。

填海方式的改進

　　3 個短中期選項，包括：棕地發展、利用私人新界農地儲備、發展私人遊樂場地契約用地；5 個中長期選項，包括：維港以外填海、發展東大嶼都會、利用岩洞及地下空間、發展更多新界新發展區、發展香港內河碼頭用地。特首林鄭月娥在《施政報告》提出「明日大嶼」填海 1700 公頃方案。雖然社會對填海範圍、涉及龐大公帑等尚未達一致共識，但為香港未來帶來穩定的土地儲備，填海會是其中一個研究選項。然而，研究其技術可行性時，何不採納以一個既環保，又能重塑生態的建築方法填海造地呢？

　　香港傳統的填海工程，通常採用兩種建造方法：

　　一、疏浚法：填海地塊周邊的海域會採用疏浚法。首先移除所有或部分海床的沉積軟土，然後放置海沙填充物料或碎石，以承托將來填海地塊上建築物的重量。

　　二、排水法：在填海地塊內部的位置，則會採用排水法，避免挖去海洋的沉積軟土；在海床一定間距安裝垂直排水帶，然後放置填充物料，利用預載重量，加快軟土加固的速度。

　　傳統填海方法無可避免地要挖掘海床，或多或少會對海洋生態造成一定影響。為了減少填海對環境造成的負面影響，達致可持續發展，近年香港的填海工程，例如香港國際機場三跑道工程已經採用「非疏浚法」填海，對環境的影響減至最低。

　　現時以「非疏浚法」發展填海工程，包括深層水泥拌合法、安裝碎石樁法。深層水泥拌合是指，施工時並不需要清除海洋中的沉澱軟土，並利用機械設備把沉澱軟土與水泥漿混合，形成水泥拌合柱群，這可增加海洋沉積軟土的強度，以承托將來建築物及填土的重量。

　　東涌東的填海計畫便採用「非浚挖法」填海，它保留海泥的同時，還減少對生態造成的影響。其中海堤更採用「生態海岸」的設計，讓海濱不再是水泥建造的人工海堤。

在拋石形式的海堤前再排列生態混凝土砌塊（Modular Bio-Concrete Blocks）。由於生態磚的酸鹼值接近海水，能夠促進潮間帶物種依附在其表面生長和繁殖，提供一處讓海洋生物棲息的處所，同時增加孕育海洋生態多樣性的環境。

「生態海岸」形成的天然海洋生物屏障，能夠減少外來物種的入侵。依附其中的海洋生物，如生蠔更能發揮淨化水質的作用，有助改善環境。「生態海岸」設計亦包括由紅樹林、蠔籃等造成的部分，模仿自然的潮間帶，提供一處適合海洋物種生長的環境，形成自然的潮汐生態系統。重塑生態鏈的同時，市民同時可以使用海濱，達致兩全其美。

去年 9 月超級颱風山竹襲港，沿岸地區受到強烈颱風、風暴潮和海浪等沖襲，受到嚴重破壞。考慮到未來氣候的變化，預計水平線將會上升，與熱帶氣旋相關的風暴，對香港帶來威脅將會增加，尤其對低窪區域。

現時政府並無發出或更新指引，但在批准圖則時已加上額外要求。為加強對公眾生命及財產的保護，建議發展商及專業人士在設計沿岸發展項目時，考慮極端天氣下潛在的危險。特別是碼頭設施、海堤、海濱長廊、地下室、停車場、泵房、電氣室等，加強面對惡劣天氣時的防禦措施，以保護建築物避免受到海浪襲擊而造成的破壞或水浸。

「明日大嶼」填海方案，市民擔心的正是抵抗颱風的能力，人工島的海堤設計除了符合可持續發展性外，更重要的是確保居住者人命財物的安全。海浪分析海堤設計及填海方法研究報告，有待日後完成前期可行性報告才有具體方案。邁前一小步，總比裹足不前好，還望政府能儘快落實專責小組最終報告的意見，「明日大嶼」的未來發展藍圖才會更清晰一點。

Brick Lane 一代人的故事

何建威

2016-08-27 原刊於《信報》

　　曖昧、矛盾、斑駁，甚至古怪荒誕的城市可以是好看和合適的，從西環到銅鑼灣一帶就是一個好例子。事實上，跟所有物種一樣，城市賴以繼續生生不息的遊戲規則就是不斷演化。香港與世界各地其他城市一樣，在城市更新的過程中，舊社區面對士紳化（gentrification）的壓力而慢慢消失。英國社會學家 Ruth Glass 於 1964 年提出士紳化的社會現象，意指中產階層和專業人士遷移到靠近市區的舊社區，令原本破落的舊社區重新發展，建立新設施，引進新店鋪，孕育新的社區空間，舊社區住宅和商鋪的租金也因而上升，令原居的工人階層無法負擔，被取代（displaced）、被迫遷往其他地方。士紳化現象不斷在世界各地以不同的面貌發生，而且愈演愈烈。

士紳化成因

　　西班牙畢爾包在九十年代已展示出城市更新與士紳化千絲萬縷的關係。它從一個工業式微的舊城市，搖身一變成為歐洲創意藝術之都，靠的就是一座建築設計卓越的博物館，以及創意藝術氛圍所帶動的旅遊業和創意工業，藉此樹立形象和塑造商機以吸引投資者，帶動經濟發展。接著藝術家和潮人（hipster）便成了城市更新的先導力量，他們帶來自己的生活模式、小型書店、咖啡店、畫廊、概念店鋪和設

計工作室等，漸漸形成富個性的「潮」區。這些「潮」區不單因為租金在市區中相對便宜，還由於有獨特的地區個性與特質，未完全遭到同化，因此吸引不少區外人前往消閒／居住，士紳化過程自此展開。

倫敦城東的紅磚巷（Brick Lane）正上演一代取代另一代的 displacement 故事。從前，紅磚巷對倫敦人來說，就是黑瘦的孟加拉人、貧窮、咖喱味、攤檔和墟市。在七十年代，它是不折不扣的貧民區，吸引大批孟加拉移民聚居，他們主要是工人，居住環境擠迫，生活清苦。的確，2014 年的官方數字指出，紅磚巷仍有五成小童活在貧窮線之下，亦是倫敦人均收入最低的社區之一。

與此同時，近年紅磚巷卻是不少倫敦年輕人愛「跑」的地方：街頭塗鴉藝術、獨立音樂唱片、二手衣服、市集、名牌清貨場；這樣的環境，同時也吸引新一代藝術家，把街頭變成公共表達空間，紅磚巷旁的 Normanic Community 精彩地把裝置藝術和塗鴉藝術結合，形成令人讚嘆的村落，上次入內逛的時候遇見席地而坐、一面抽煙一面玩音樂的長髮嬉皮阿伯，亦見一家大小圍著舊樹頭各自看書，非常神奇。

這一切吸引住在市郊的中產階級和遊客前來歷險和消遣，結果令舊區翻身，同時亦令租金節節上升，物價騰貴。2015 年 9 月，紅磚巷發生令人嘩然的 Cereal Killer Café 襲擊事件：一間由兩兄弟經營的 cereal 專賣店，提供超過 120 種不同味道、不同品牌的 cereal，以及 8 種不同味道的奶類飲品，一個 cereal 餐取價 4.4 英鎊（約 60 港元）。2015 年 9 月的一個晚上，一群蒙面漢襲擊 Cereal Killer Café，抗議它收費太貴，導致社區士紳化，居民無法負擔。

事件震驚整個社區，很多在紅磚巷長大的人對滋事者（一個名為 Class War 的組織）的論點和手法不表認同。他們對倫敦樓價和物價飛漲同樣不滿，他們對地產商和大連鎖店入侵社區同樣不滿，他們都希望可以捍衛自己的社區，但是他們亦認同：「For better or worse，我們這一代無法迴避更劇烈的競爭，有時我們會感到受遺棄，對前路滿是焦慮和迷茫，我們無法證實自己。然而，社會在變，科技在變，生活在變，我們不該歸咎帶來創新的人。我的爸爸是清潔工人，我是一名教師，我希望孩子可以成為專業人士。畢竟，社區改變不盡是負面的事。」

　　香港何嘗不是面對大同小異的社會問題。舊社區有人情味，有幾代人的努力和回憶，無可能一筆勾銷。借用陳冠中的看法，香港作為一個與眾不同的國際城市，我們的城市更新和發展應該用「附加」（add-on）方法，而不是只以利潤極大化、地產發展、推倒一切的模式進行。我們應該在保存現有的歷史文化、社區、建築空間和肌理的基礎上作有機演化。當然，附加的同時難免要有選擇地除去一些舊東西，例如：讓我們保存有形的巷里、建築、地區的角色、特色、活力與風貌；同時讓這個一代取代另一代的 displacement 有機地自然演化。儘管舊街坊最後也可能因為自然流失和被取代而消失，但地區的民間活力與可塑性還是會繼續生生不息地演化，延續這個城市曖昧、矛盾、斑駁、古怪荒誕的美麗神話。

躍動・都市

或許有一天科學家發現，離地心越遠，時間流逝越慢。因此人們開始相信，住在陡峭的高山上可以青春常駐。縱然如此，總有些人還是選擇住近大海，日落時候坐在長椅上，吃一杯雪糕，哼一首老歌，義無反顧地老去。

　　於是我們對時間空間有另一種解讀，我們讓城市在複雜多元、曖昧斑駁、黑中留白、光影交錯、不設邊界的狀態中平行、隨機生長；讓《海灘上的愛因斯坦》飄蕩在這臨海城市，來來回回。

梁喜蓮

　　香港居住環境擠迫，但遍布大街小巷的街市、大排檔、小販、理髮、算命、打小人、商業推銷、街頭藝術、選舉拉票、環保回收等活動，為市民提供多姿多彩的城市生活。

　　現代城市追求生物多樣性，其實不請自來的石牆樹連同樹上的昆蟲、鳥類、松鼠和其他小動物早已與我們共享城市空間。

　　怎樣回應這些城市活力是建築師的挑戰！

陳澤斌

沒有建築學位的建築達人

張凱科

2019-07-13 原刊於《信報》

　　這陣子又是一年一度 DSE 放榜及大學聯招的大日子。一如既往，成績公布之後，考生可在其 JUPAS 賬戶修改課程選擇。

　　一般而言，同學們大概會採取「博前穩後」的策略——即先把非常心儀但門檻較高的課程放在第一和第二志願。筆者當年 A-Level 成績相當平凡，孤注一擲，把「港大建築」放在第一志願；最後如願考上並最終當上建築師，也大概叫人嘖嘖稱奇。據說如今建築系的入學門檻愈來愈高，甚至比得上醫學系和法律系。假如筆者是當今考生，大概要慨嘆生不逢時了。

　　然而，大概你也認為考上建築學系就是當建築師必要的第一步。你也許聽過建築系畢業生完成學位及碩士後，還得獲取有關工作經驗並考取專業資格，才確確實實踏上「建築師」之路。

　　那就別無他法嗎？既然常說建築學乃結合科學與藝術，入場者又豈能只是高材生？就讓筆者為你介紹以下 4 位沒有建築學位的建築達人：

1. 法蘭克・洛伊・萊特（Frank Lloyd Wright）

令人難以置信的是，這位獲美國建築師協會譽為美國史上最偉大的建築師，其實並沒有建築學位；直到晚年，他獲母校頒授的，也只是美術榮譽博士學位。

年輕的萊特最初半工讀的是土木工程，因家庭因素及對教育系統的覺悟，驅使他毅然選擇退學，並到芝加哥尋求發展。他由建築繪圖員做起，及後捉緊機會在當時著名的建築大師路易斯沙利文（Louis Sullivan）旗下當了 6 年學徒。

輾轉到他 26 歲那年，成功創立自己的事務所。雖然其後多姿多采的私人生活為他帶來很多醜聞，但仍然無阻他 67 歲那年完成其巔峰之作，獲譽為美國史上最偉大的建築物——落水山莊（Fallingwater）。

2. 勒・柯比意（Le Corbusier）

這位集建築、城市規劃、美術、雕塑於一身的二十世紀時代巨人，其實也沒有建築學位。在瑞士出生的柯比意自小受父親影響學習美術。16 歲那年，受當時的美術老師影響，開始走向建築世界。

其後他開始自學和鑽研建築藝術，到 24 歲，曾前後 3 次獨自遊歷歐洲，建構自己的建築思想。39 歲那年他發表了著作——Towards a New Architecture，當中著名的「Five Points of a New Architecture」直到今天仍是極具影響力的建築理論。

他在城市規劃方面亦作出很多劃時代的貢獻，提倡「住房是居住的機器」，以新的建構方法大量生產工業居住建築。柯比意身為建築師的地位非同凡響，有趣的是，今天的瑞士法郎 10 元紙幣上的頭像正是柯比意。

3. 路德维希・密斯・凡德羅（Ludwig Mies van der Rohe）

大家一定聽過密斯的經典格言 —— 「Less is More」。密斯出生在德國一個平凡的石匠家庭，父親在雕塑店裡工作，他在年少時甚至沒有機會接受正規教育。到 19 歲後，他搬到柏林，並加入了當時一間一流的家具設計工作室。

其後又在另一所出色的工藝設計事務所裡打拼了 4 年，漸漸獨當一面。一戰後，44 歲的他繼承包浩斯學派始祖格羅佩斯（Walter Gropius）出任包浩斯（Bauhaus）學院校長。其後，他甚至在芝加哥伊利諾理工學院（IIT）出任建築學院院長。

4. 安藤忠雄（Tadao Ando）

這位日本建築師的出身就更為傳奇。從未接受過正規建築教育的他，在自學建築之前，甚至曾經當過職業拳手。他就是利用拳賽的獎金，隻身前往美國、歐洲、非洲等多處流浪，體會不同國度裡建築的博大精深。

同時，他自學建築的毅力驚人，閱讀無數建築書籍、雜誌，工餘時間上夜校，都反映他天生對建築有著非凡的興趣。而獨特的清水混凝土建築（Fair-faced concrete）成為他為人熟悉的標記。

講完 4 位建築達人的故事，話說回來，雖然是「老生常談」，但筆者仍希望寄語各位放榜考生：「一試不會定江山，成長的漫漫長路上，我們仍可捉緊當中的機會，開創自己的天地。不是因為看到希望才去堅持，而是因為堅持才能看到希望。大家加油！香港人，加油！」

清水混凝土的魅力

馮永基

2014-04-10 原刊於《信報》

　　安藤忠雄（Tadao Ando）是一位很受台灣建築師崇拜的偶像。從參與香港建築中心舉辦的「台灣在地建築之旅」所見，他們對安藤終於在台中建成亞洲現代美術館非常雀躍；旅途上所觀賞的建築，都以清水混凝土為主，反映建築師特別鍾愛簡約的設計，更敬重安藤等同清水混凝土建築的代表符號，更欣賞他的堅毅（他沒上過大學卻自學成才）、熱誠，以及滿懷社會使命感的高尚情操。

　　矛盾是，以華人為主的商業社會，我們的一般客戶都不易接受他那灰沉沉的清水混凝土（Fair-face concrete）或內地稱為「裸」的建築，因此，我們若然要追求那寂靜無我的建築風格，惟有各施渾身解數了。

　　在台灣，清水混凝土簡約的設計以寺院佛門最切合它所蘊含「空靈」與「淨潔」的概念，因此台灣建築師在這些項目做得非常出色，包括位於大溪鎮的齋明寺、北投的農禪寺和台中的菩薩寺。由於偏遠的地價不高，建築師可自我營造品味的空間，這包括在中壢市的襲園美術館及新竹縣的若水會館。當有幸遇上有品味的業主時，便能創造出在苗栗縣的富貴三義藝術館、位於日月潭的涵碧樓五星級度假酒店等精彩作品，讓我們大開眼界。

　　在香港，建築師沒有可能像台灣的行家，可自建獨立的工作園地以自娛，惟有在一些較為另類的公共項目上，各自

尋找清水混凝土建築的發揮機會。幸而，香港早於半個世紀前已有成功例子，位於馬料水的香港中文大學校舍，其總設計師司徒惠便大量採用清水混凝土建築手法，以彰顯校園的簡樸民風，反映他比安藤忠雄更早接受二十世紀建築大師柯比意的藝術薰陶，成為香港最具代表性的清水混凝土傑作。

七十年代，香港的建築師頗受當年時尚的「現代建築風格」影響，設計上講求線條簡潔，樸實無華，清水混凝土的建築由此相繼出現，這包括位於中環半山的前高級公務員宿舍 Hermitage、香港電燈公司總部、牛奶公司總部、聖士提反男校等建築物，大埔莫壽增會督中學則是當年經典之作。

八九十年代，由於標榜復古裝飾的後現代主義興起，而清水混凝土也難於長久保養，遂逐漸塗上油漆，有些甚至清拆重建。簡約潮流，漸趨式微。

相隔二十年後，香港海防博物館再度以水泥素面為主調而獲得香港建築師學會周年設計大獎；接著，香港濕地公園一再突顯清水混凝土融入大自然的環保概念，令這另類風格重新受到建築師重視。在良性競爭下，政府內部的建築師從各自作品中極力展現「裸」的雅趣，這包括粉嶺大隴獸醫化驗所、尖沙咀海濱、粉嶺休憩公園、赤柱市政綜合大樓及天水圍市政綜合大樓等得獎項目，逐步改變市民對香港公共建築長期偏向「粉紅」的一般印象。

惟最大諷刺是，若然要觀賞香港最優雅的建築，卻要往「陰宅」處尋找。

原因是，這類「項目」素來沒有業主有興趣關注，才可以讓建築師有自由空間發揮而見到成果。這四項賦有「安藤精神」的建築分別是：鑽石山火葬場 —— 由四個方盒與圓環中庭構成，彰顯天圓地方，嚴肅優雅，正氣浩然；旁邊建有

層疊式靈灰安置所，以一道階梯為主題，連同飛翔的白鶴雕塑，寓意引領先人能早登天極。

去年完成的和合石火葬場──幾幢以解構主義風格組成的建築群，有聚有散，有暗有明，富節奏感；其最大特色是夾縫中的一道狹窄階梯，人們拾級而上，到屋頂才見一片油油綠草，遙望著映照蓮池。在另一端，正是和合石靈灰安置所，主體由直線排列的木條組成，有遮擋陽光的功能，亦體現簡約語言的非凡。門前的一淌淨水與壯觀的主樓，一剛一柔，更有著安藤設計於日本兵庫縣 Water Temple 的安靜、靈氣、祥和。

石牆樹的天地 建築師的空間

陳澤斌

2013-10-25 原刊於《信報》

在家閒來無事時，總愛到附近的科士街逛逛，很喜愛那兒樹影婆娑、生機盎然的景致。科士街原本只是極為普通的街道，毫不起眼，街道不寬，車輛行人不多。街道一旁是一排十多層高、樓齡約三四十年的住宅大廈，對面是一道約一百五十米長的石牆，最高的一段約有十米高。

令人驚訝的是，長於石牆上的一列茁壯的大樹約有十來棵，高約八米，濃密的樹冠覆蓋了整條科士街，枝葉差點兒長到街道對面的住戶的窗前。由於大樹長於高高的石牆之上，樹冠形成一片離地約十多米的綠色天幕，縱使在炎炎夏日的中午，科士街也清涼宜人。

原來這片令人神往的空間，並非原先規劃的構思。香港山多平地少，開埠初期愛在山坡建造梯級型的平台，沿著山坡拾級而上供建屋之用。高低平台之間，多用堅硬的石塊築成擋土牆，平台往往沒有預留空間供樹木生長，但種子憑藉頑強的生命力，在看來貧瘠的石牆上創造自己的空間，一些大樹的種子，偶然經雀鳥的糞便帶到石牆上去，然後發芽生長。

由於政府沒有在石牆兩旁進行綠化，附近沒有大樹與它們競爭珍貴的陽光，枝葉可以隨意伸展到遠方，長大後樹冠可覆蓋整條科士街的上空。枝葉茂盛的大樹，自然吸引了

不少小動物在樹上棲息。花朵的花蜜和花粉是蜜蜂和蝴蝶的美食，小鳥和松鼠也不時在樹冠上雀躍地尋找果實和毛蟲果腹，它們偶然更引來兇猛的老鷹在上空飛翔。石牆樹不僅創造了自己的空間，也為其他生物開創了新天地。

其實，我們建築師的工作和石牆樹很相似。現代建築物種類繁多，主要功能都是要為人類的生活創造合適的空間。遠古時代的人類餐風宿雨，且飽受猛獸的威脅。我們聰明的祖先學會就地取材，初時只懂用樹木和茅草等常見物料蓋建簡陋的房子居住，經過世代相傳累積了足夠的經驗和技術後，人類慢慢學會用磚瓦、大石、金屬、混凝土等材料建造耐用的房子。

早前一位充滿熱誠，有志報讀建築學的年輕人徵詢筆者意見。她為近代建築多姿多彩的設計風格而著迷，但我不忘提醒她，悅目創新的外形雖然引人注目，但建築師的首要職責是要處理好藏於建築物之內的戶內空間，以及位於建築物四周的戶外空間的設計，因為建築物的最主要功能是營造合適的空間供人類使用。

回說筆者心愛的石牆樹，年少時於西半山上中學時已驚嘆位於堅道和般含道一帶的石牆樹，令原本狹窄而平凡的街道變得多姿多彩，充滿生氣。可惜不少石牆樹已因道路工程之需而於多年前遭到砍伐，幸而許多仍然保留了下來。

其實石牆樹很能代表香港精神，許多上一代的香港人都是因為內地難以維生而隻身到來碰運氣，但他們憑藉堅強的意志，把香港從一個平凡的漁村建立為世界知名的大都會，在看似不可能的土地上創造出經濟奇蹟。無論如何，石牆樹已成為香港城市景觀的重要元素，也是香港的特色，我們真

的要好好珍惜和保育。年輕人不妨借鏡石牆樹的精神，勤奮
學習和工作之餘，若能多加善用你們敏銳的觀察力和充沛的
創造力，說不定也可以找到合適的石牆，種植出自己的石牆
樹，創造自己事業上的豐盛空間。

科士街的石牆樹創造了樹影婆娑、生機盎然的天地。

山城上的新橋

梁喜蓮

2017-02-04 原刊於《信報》

　　你可能沒有聽過西班牙的隆達（Ronda），但沒可能未有聽過海明威（Ernest Hemingway）吧？你可能覺得海明威的《午後的死亡》（Death in the Afternoon）太過沉悶艱深，那麼起碼應該看看他的《老人與海》（The Old Man and the Sea）。

　　Ronda 是現代西班牙鬥牛的搖籃，海明威則是把鬥牛帶入現代文學舞台的策展人。他為鬥牛搭建一個華麗喧鬧，卻又荒謬悲涼的舞台。鬥牛是一個有目的的過程：它要展現的不是作為結局的死亡，而是面向死亡這一個無法避免的過程。

　　在這樣的一個過程中，如果要戰勝，就得克服和超越；克服和超越對手，克服和超越自己，並不是生命的手段，而是它的目的。或者打個比喻，如果命運是鬥牛士，人生是公牛，公牛縱然終會死亡，它的一生就必定是失敗和徒勞嗎？

令遊人總帶著微醉

　　2016 年的盛夏，我們從馬德里駕車一直向國境之南走，午後，車外的溫度高達攝氏 42 度。愈往南走，山路愈是蜿蜒，我們的車終於在日落前到達這山中的白色小城 —— 隆達，位處 98 米高的花崗岩上，一整座岩石帶微微的玫瑰紅，在日落的餘暉中，讓遊人的面色帶著微醉。

瓜達雷溫河（Guadalevin）從岩石中的河谷中流過，新城區和舊城區坐落在河的兩岸。新橋橫跨在兩面崖牆垂直、跨度約 66 米、落差高達 98 米的峽谷斷崖上，把新城區與舊城區連結起來，已經 220 年了。這樣的布局，似乎是宿命又似乎是一種超越和征服。

　　新橋最初建造於 1734 年，橋結構為單拱設計，即一個大拱架在新城舊城的峽谷斷崖之間。橋只花了 8 個月便竣工，可是由於構件的連接位不堅固，橋於 6 年後竟然坍塌了。

　　1751 年，當地政府在原址再建新橋，負責設計的建築師馬丁・阿爾德艾拉（Martin de Aldehuela）周詳地考慮新橋的設計要點：它要讓往來如梭的人和馬車通過，因此橋面必須寬闊；它的主承托必須坐落在 98 米下的谷底；它的跨度約 66 米，以當時的建造技術，單拱設計太冒險，多拱結構可以帶來最高確定性。隆達當時是西班牙南部最重要的商業城市之一，所以新橋的外形必須優雅大度。

　　最終，馬丁・阿爾德艾拉的新橋為三拱設計的石橋，中間的拱為主拱，拔地而起 90 米；左右兩拱分別坐在一道 90 米高的力牆上。遠遠看去，新橋並不單單是一座橋，更像是隆達城堡的大門。

　　新橋的建造工程由著名工匠安東尼奧（Antonio Di z Machuca）負責，這是一項向大自然挑戰的艱巨任務。安東尼奧首先必須在河谷上游引導河水流往其他地方，並築起臨時水閘以減少河水流量；然後在附近河谷開礦採石，就地琢磨，切成合用的尺寸，再利用重型滑輪組合把大石一塊一塊疊起，前後共花了 34 年時間，新橋最終於 1793 年完工。

　　新橋中段的拱橋處，有間 60 平方米的密室。據說，在1930 年代西班牙內戰時期，此密室曾用作折磨政敵（法西

斯分子）的囚室；行刑時，犯人從橋上給推落峽谷。

海明威在其著作《戰地鐘聲》（For Whom the Bell Tolls）內，亦有類似情節。及後，《戰地鐘聲》改編拍成電影，此段故事的場景，就是在隆達的新橋拍攝。

港大疊起的聲譽

此外，新城崖邊的西班牙廣場上，有一座由舊市政廳改建而成的國營旅館，海明威在《戰地鐘聲》中，眾人夾道觀看被捕的法西斯分子送往市政府審判的一幕，也在這裡拍攝。

如果海明威活在今天的美國，他一定會被特朗普的言行氣得炸了肺。執筆時剛巧收到馬斐森校長請辭的消息，心情頓感沉重。香港大學的「香港最高學府」之譽，是百年來前人像搬大石一樣，一塊一塊疊起來的。跟世界各地出色的大學一樣，港大不單是一所學校，更像是我城的大門。

希望校監、校委會、各教職員和學生明白，這幾年你們雙方對港大的所作所為，無論出發點如何高貴善良，卻因為用了不合適的方法，最終讓港大的名聲，甚至是大學的實際運作蒙污受損。

要一座橋倒下很容易，要一座橋屹立卻要所有持份者共同努力，共勉之。

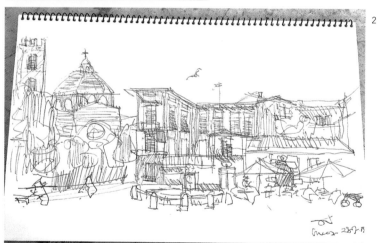

1 新橋，克服和超越。

2 草草幾筆，記古城舊街傘下的啤酒時光。

如何復活街頭文化？

張文政

2012-07-12 原刊於《信報》

2010 年盛夏，羅馬。我與太太和三兩朋友在 Piazza Navona 一家戶外餐廳吃晚飯，我們一邊吃，一邊看廣場上的魔術和歌唱表演，雖然大家都心知這只是一般的遊客餐廳，表演水平高不到哪兒，但大家都樂在其中。巧合的是，碰到兩位香港來的相知。他鄉遇故知，不亦樂乎！

2011 年，也是盛夏，新加坡（這裡每天都是盛夏）。跟兩位大學同學在著名的駁船碼頭（Boat Quay）河濱的戶外餐廳吃午飯。沒有任何表演，但河風送爽，看對岸翠綠公園內玩耍的小孩，也是異常開心。無獨有偶，碰到另一位大學同學。四人敍舊、暢談、暢飲，不亦樂乎！

「官僚」消除魅力

為什麼香港就是沒有這種地方？回想小時候，在爸媽不知情下，常跟舅舅到大牌檔吃夜宵。舅舅愛喝啤酒，微醉時，便會高談闊論，風花雪月，甚至高歌一番。細想一下，香港不是沒有這些地方，只是它們已慢慢消失了。

是的，大牌檔、小販、戶外餐廳佔用了公共空間，也會遭人投訴，這些事全世界都有發生。在香港，除了小販得以局部留下來之外，其餘兩項都已立法規管或已被取締。我們試想，為什麼世上其他地方的大牌檔、小販、戶外餐廳可以一起並存，唯獨香港不可以？

　　2011 年 11 月，在香港建築師學會舉辦的 Megalopolis & Architecture 座談會上，時任發展局局長林鄭月娥應邀發言。局長在她的幻燈簡報中展示很多她出外考察的照片，其中不乏戶外餐廳和戶外商業活動，她一再重申，這些活動和多元化的空間設計，對表現城市魅力有一定的重要性。

　　可惜，康文署、食環署、路政署等都不是林鄭局長的屬署，它們跟局長的想法似是背道而馳，要它們為大牌檔、小販、戶外餐廳等行個方便，或定出一些機制容納這類街頭文化（當然要滿足環境、衛生、道路安全所需），必有一番思想鬥爭，也暴露出政府內部未能有效協調的端倪。

「行政」殺死文化

　　更可惜的是，連對城市設計起絕對牽頭作用的地政署、規劃署等，似乎也跟林鄭局長的想法對著幹。地政署在其一貫的意識形態下，視所有街頭商業活動、街頭文化為「犯罪」活動（即不合有關土地的使用條款）；我們甚至毋須妄想規

劃署會帶頭創造條件,帶動街頭文化。近年,原本行之有效的「商住」類土地用途,在規劃署負責起稿的分區計劃大綱圖中,也無聲無色地消失了。據聞這是為了「行政上的方便」。

筆者看來,我們沒有上述的街頭文化,大概也是因為這些所謂「行政上的方便」。不錯,新加坡和意大利的大牌檔、小販、戶外餐廳、街頭表演全都要申請牌照;所需的,不過是各署多花點時間去「行政」而已。

也即是說,這些活動是可行的,跟環境、衞生、道路安全、社會公義是可以共存的。只要各局、各署、各行政部門通力合作,我們消失已久的街頭文化應可得以復活,我們的城市可以多添一分魅力。

看來,我們或需一位強而有力的司長去協調協調。

Flaneur 城市浪遊者的觀察

梁樂堯

2016-11-26 原刊於《信報》

Flaneur 一字起源於十九世紀的法國,原意是指一批喜愛在城市中遊走,從而觀察城市裡、街角上不同景象的人。Flaneur 除了是觀察者,也是城市中的一分子,也是參與者;Flaneur 一字的中文或許可以譯作城市浪遊者。

身為一名城市浪遊者,除了觀察之外,更愛思考城市中的不同事物和空間,以及城中人的互動。城市就是要有不同形態的空間,才會孕育出多姿多彩的城市生活,才會覺得有趣,尤其是香港的先天地理環境,很多地方也是依山而建,再配合後天的高密度發展,而出現很多有趣的三維空間。

綜觀城市中大部分有活力的地方,可以歸納出兩個重要元素,一是連繫性(connectivity),另一個是活動(activity)。

有各種活動

有一點要注意的是,前文所提及有活力的地方,不一定是一處繁忙喧鬧的地方,公園、甚至街角上的一個休憩處雖然悠閒寧靜,但每天也有很多城市人走到這些地方,可能是

早上的公公婆婆晨運、打太極，可能是日間的伯伯在捉棋，可能是晚上的跑步客，甚至是假日的一家大小在遊玩，所以也可以算是一個有活力的地方，並且在不同的時間可是有不同的景象、不同的活動。這些都是一個城市浪遊者覺得有趣的。

那麼，究竟什麼地方是沒有活力的呢？有些地方在城市中是切實存在的，就如異度空間一樣，你只會在旁邊經過，從來不會走進去，因為這些地方都有著一種奇怪的排斥力，比如一些行人、行車天橋的橋底，一概不能有茂密的種植，政府部門乾脆把這個空間圍起來，甚至放上一些石子，說明這個地方是不能用的，沒有活動可以在此發生。

此外，你有否發現在我們的城市裡，存在許多像已廢棄的行人天橋和行人隧道呢？由於工作關係，筆者近年常常遊走於港島東，亦因而發現一個很奇怪而有趣的現象，如果你有時間，可以慢慢沿著英皇道，從北角炮台山的一端走到西灣河，沿途會見到差不多 10 條行人天橋，有的是政府興建的，其餘則是連接著一些私人發展項目，是由發展商興建的。

部分行人天橋可以說是接近零使用量，這些天橋都有差不多的特性：

一、沒有電梯上落；

二、沒有連接其他建築物；

三、地面行人過路設施就在天橋附近。

這些天橋落得如今的命運，可以說是規劃上的不足，沒有好的連繫性吧。這些天橋正是由於頭兩項原因，沒有足夠的誘因令人選擇使用，而行人往往是取易捨難，寧願橫過車來車往的路面，漸漸地，政府便作出「順應民意」的決定，加建地面行人過路設施。

就著以上兩項例子，在我們的城市中有沒有情況相近，又比較有趣、比較多姿多彩、比較有活力之處呢？就以近年「發展」得愈來愈好的行車天橋下的空間，舉一些例子吧。

利用橋下空間

灣仔鵝頸橋底是一個非常有趣而多用途的空間，由於位置便利，與附近環境緊密連繫起來，除了存在已久的公共洗手間、街坊福利會善用橋底空間，還有一片不大不小的空地沒有規劃，那裡讓人發展「打小人」的活動；近幾年還把原有的雜物儲存空間改造成一個休憩空間，假日更有組織舉辦活動。

其他地區亦開始出現愈來愈善用橋底空間的例子，就如在東區走廊下的社區環保站、觀塘海濱的起動九龍東辦公室等等。在外地城市以橋底空間作表演或展覽場地的例子，比比皆是。當然，在考慮利用這些空間作不同活動的用途時，會有不同的設計考慮，例如光線、通風、人流等等。

至於架空行人天橋，在我們的城市裡已經在多區發展出完善的網絡，如中環至半山、金鐘、荃灣、沙田等等，相信不用多作介紹，大家都很認識，甚至每天都會經過。這些完善的網絡都有一些共通點，它們有很好的連繫性，往往是由車站延伸出來，連接各大小公共和私人建築，有多樣性的活動空間，又有商場、餐廳、公園、社區設施等。當然，我們並不是希望出現千篇一律的設計，但相信更不希望出現一些用不著的空間，白白浪費珍貴的土地資源。

近期政府規劃署正就多個市區內的珍貴土地作設計研究和公眾諮詢，包括中環海濱、灣仔北、北角海濱、啟德發展區，希望各位城市中的一分子都會提出意見，共同建構一個更有活力的香港。

有一種建築叫出走

張凱科

2017-11-11 原刊於《信報》

　　常說建築師要對環境、對人、對生活的種種有所感覺。很多時，建築設計裡或多或少都會注入一點點由那感覺而產生的概念或元素 —— 多麼浪漫的說法。然而，本地執業建築師卻大概已經學懂（或許是習慣成自然）在當下扭曲的、歪歪斜斜的、受榨壓的狀態裡繼續埋首工作。

　　放下那些感覺和情緒吧，反正是不管用的。這裡當道的是行之有效的市場法則，你只須按一堆堆數字算式，有效率地去幹，不要猶豫；你不幹，大概還有很多人願意幹。在營營役役的工作裡，你或許連一個逃出現實的窗口也找不到。

　　筆者家中牆壁掛著一幅麻布織成的世界地圖，上面釘著一根根大頭針，記下自己曾經出走的地方；每次出走只為放下現實工作的種種包袱，盡情以建築師最純粹的角度，感受不同國度裡的人和事，當然還有建築。

　　繼上次放下工作整整一個月出走南美後，今次是蜜月假期與內子跑到北歐去。

雷克雅未克的城市脈搏

　　筆者特別喜歡走到城市高處，由鳥瞰的角度，感受她獨有的脈搏和氣息，靜靜地觀察她獨有的運作模式，慢慢注視當中各種規劃、建築、交通網絡的構成，甚至是她每個個體

的流動……如此宏觀的細看，讓你可以很有效地了解一個城市。

位於冰島首都雷克雅未克市中心的哈爾格林姆教堂（Hallgrímskirkja），大概是每個遊客必到的景點。這個人口僅 12 多萬的沿海城市沒有高樓大廈，也沒有鐵路或大型運輸系統。

乘觀光電梯到教堂頂的瞭望台，可以俯瞰整個城市。沿瞭望台慢走一圈，只見很多屋頂塗上不同顏色的活潑的小房子，車輛在路上緩緩地有序走著；海邊一帶有些比較現代化的建築，機場的位置就在市中心外圍，可以觀看飛機升降的狀況。城市面貌上完全沒有擠壓的感覺，反而散發著豐富的生命力，洋溢著一片宜居的氣息。

那瞬間，你會不期然想起理想中美好的生活，思考所謂宜居城市具體上是怎樣一回事。

芬蘭首都赫爾辛基的岩石教堂（Temppeliaukio Church）建於差不多半個世紀以前。到訪前，筆者已聽過不少建築界朋友對這座教堂讚不絕口；身處其中，確實不得不佩服其巧妙的設計心思。

赫爾辛基不一樣的教堂

顧名思義，教堂的主體是直接以天然岩石修建而成的。首先，在岩石群中挖掘，形成室內空間，再在環形的岩石結構上搭建圓形的銅頂蓋，圓頂與岩石間特意為室內引入充足的自然光。設計上，它放下傳統教堂建築的各種形式和布局，感覺卻意外地輕巧自然，不失宗教的莊嚴；天然的岩石甚至令教堂內演奏的音樂變得特別豐富。

我忙著到處探索教堂的各種細部，內子則坐在某個角落裡靜靜地思考什麼似的。離開時，我特意問她感覺如何（她不是建築同行），她說特別喜歡這座天然的岩石教堂，不知怎地想起幾句歌詞來 —— Shine 的《燕尾蝶》：摘去鮮花，然後種出大廈，層層疊的進化，摩天都市大放煙花，耀眼煙花，隨著記憶落下，繁華像幅廣告畫，蝴蝶夢裡醒來，記不起對花蕊的牽掛。

　　是的，城市發展有時候彷彿成了硬道理，新建的取代原來的，是好是壞，進化抑或倒退，大概有一天人們都不怎麼記起來。

城市發展是為更美好生活

　　每次出走不同國度，筆者都很享受以最純粹的建築角度，感受當地生活的種種，但每次回家，總感到有些什麼東西莫名其妙的卡在心底裡。這些年來，我們的城市發展似乎一直沒有贏取港人的掌聲，當中因由說來話長。

　　可以理解的是，港人大概不怎麼相信身邊的發展會令自己的生活帶來美好的改變，反而愈是發展愈是困惑。一代人告誡城市發展千萬不要停下來，停下來，香港就完了；另一代計劃離開的人在嘆氣，這已經不是我認識的香港了；還有新一代人拚命尋找新的發展方向和方式。誰也說服不了誰。

　　仍舊是那個根本的問題，城市發展不是為了更美好的生活嗎？

建築與攝影

陳俊傑

2020-06-06 原刊於《信報》

「疫情過後，第一件事就是去旅行。」是近來身邊聽得最多的一句說話。

新冠肺炎大流行，重創全球旅遊業，近日各地疫情雖稍有放緩，日常生活亦以重啟經濟為前提下相繼恢復，但多國實質仍處於半鎖國狀態，國際旅遊何時才能開啟仍言之尚早。香港人以旅遊為常態，加上臨近夏天旅遊旺季，當然叫苦連天。要排解不能去旅行之愁，翻一翻手機或電腦中的相簿，整理一下好一陣子前旅行拍下的照片，緬懷一番後再 hashtag #throwback 上載到社交媒體公諸同好，成為不少人長時間留在家中的飯後或煲劇後活動。建築師朋友圈當然亦無例外，一時之間社交媒體上充斥著大家曾經到訪過世界各地的不同建築界名勝，當中不少無論遠觀全貌，近觀室內空間或細節，角度構圖，皆似曾相識。

以今天準則，一張好的建築攝影可能是「呃」like 之餘，還「呃」到你希望親身去一見其廬山真面目。其實建築與攝影間的關聯，最初就是源自於一種需求。而當中現代主義建築與攝影的關係相當密切，約在 1920 至 1930 年代，隨著攝影器材及技術開始普及，現代主義亦在城市的快速崛起風潮下興起。建築師發現攝影對建築來說是很好的工具，攝影可以發掘及重現建築的空間和形式，甚或傳達建築師難以言喻的建築想法和概念至更多人。攝影在當時也激發了建築師對於建築的想像及改造城市的渴望。

　　以下想分享兩位領域不同，但建築與攝影皆相互地對其自身本業創作有無比影響的現代主義大師：

丹下健三眼下的丹下健三

　　數年前東京一個相對小型的丹下健三個人展覽，名為「丹下健三眼下的丹下健三」，為大眾展示了該名建築評論界稱為日本建築第一人的較鮮為人知一面。是次展覽既沒有圖紙，更沒有模型，連建築作品的放大照片亦寥寥可數，只有以熱愛攝影的年輕丹下於 1949-1959 年間親自拍攝，留下未曾公開的 70 餘張 Contact Sheet，便構成出一場以大師第一視角帶領，還原設計初衷，無比純粹但又充滿張力的建築巡遊。

　　對於數碼時代的攝影人，可能不知道 Contact Sheet 對攝影的意義，它其實就是一卷菲林的相辦（Index Photo），在黑房內將整卷菲林不經放大機直接把影像曝光到相紙上作紀錄。而這些 Contact Sheet 還有更重要用途，就是顯示

攝影者當下的思考，從拍攝位置的改變或構圖的變化，可以觀察到攝影者的想法及思維。因此，攝影大師的 Contact Sheet 均成為研究攝影重要參考。

70 餘張 Contact Sheet 有大量丹下健三自己作品，包括工地施工中和落成前後，亦有拜訪 Le Corbusier 等大師作品的記錄。一如其他攝影人，從丹下留下的 Contact Sheet 可見他有親自進入黑房「執相」習慣，於沒有刪除功能拍下的一張張旅程上的相片，用紅筆標記下截圖線及簡單筆記，展覽就試圖藉由這些紅色指示，探索丹下是怎麼看待自己的建築，並如何與建築對峙。相信有不少建築應該是丹下在漆黑的黑房內，獨自反覆探索思考下的成果。該次展覽由於場地限制，只展出丹下正式成為大師前的部分記錄，還望日後有機會一睹其餘，甚至無關於建築的部分，如家庭生活，以從另一角度更深入了解大師的心路歷程。

杉本博司的「建築」

攝影師杉本博司被稱為「最後的現代主義者」，乃觀念攝影流派，主張透過攝影，從形而上學思想探索時間。其「放電場」、「劇場」、「海景」系列最為人熟悉。而杉本與建築亦甚有淵源，他與安藤忠雄關係密切，杉本曾為安藤拍下住吉長屋和光之教堂，安藤的直島 Benesse House 亦特別預留位置予杉本的海景系列。二人互相欣賞，並多次於不同雜誌上對話，值得所有關心建築與攝影的朋友花時間好好咀嚼。杉本亦曾參與直島護王神社再建計劃，以及 IZU 攝影美術館設計方案，成品毫不失禮。

杉本另一有名系列「建築」始於 1997 年芝加哥當代美

術館的邀請，以現代攝影原點大片幅風琴相機，耗時 4 年，配上兩倍無限遠焦距，在嚴重失焦的模糊手法下配上黑白底片，拍攝二十世紀現代主義建築史上最舉足輕重的建築作品。杉本曾解釋特意取材與攝影同時崛起的現代主義建築，一方面希望藉由文明去印證文明的進程外，同時亦是對現代主義風格的試驗。現代主義以沒有裝飾為裝飾，是一場經歷一戰後對舊時代思想的一場重大革命。失焦雖削弱了建築物的結構線條，模糊了雕砌的細節，但「建築」系列中每座建築物均出奇地承受得了模糊的衝擊，依然保存其特徵與識別度，足證現代主義風格抵得住時間的洗禮。鏡頭下，杉本嘗試以站在歷史無限遠的角度去觀看建築，封存時間在建築上的痕跡。

其實怎樣去拍和想表現什麼，每個人也有不同的手法和想帶出的意思。但建築師眼中的建築與快門之間，除了追求角度與構圖，理應好比建築與圖紙之間，在比例、線條、光線、顏色、虛實外，尚有無限可塑性。

巴黎炎夏 香江聯想

何文堯

2015-03-21 原刊於《信報》

在大學念建築的時代,與當時很多大學生一樣,利用暑期賺到的工錢,在四年級的暑假背著行李包,第一次到炎夏的歐洲闖蕩,巴黎就是第一站。當時對巴黎的印象真是「不怎麼令人雀躍」。在以後的日子裡重返巴黎十數次,有路過的,也有專程到訪的,慢慢地就愛上了巴黎。

去年 7 月中重回巴黎,正值炎夏,再次體驗到巴黎的種種,與香港的相同與不同,一時興起,嘗試描繪一下。

巴黎人的 arrogance 與香港人的自大

從前到巴黎,巴黎人是不會與你用英語交談的 —— only French !

你不懂得法文 ——your problem !你不懂得法國文化 —— 無文化!你不懂得 French food——no taste !你不認識 French wine—— you don't know life !你不懂法國時裝,法國人瞧不起你!這些都是「法國人標準」。很多香港人都試過穿著羽絨大衣,在香榭麗舍大道的名牌店門前冒著寒風排隊,為了進去買個名牌手袋;但若你能滿足上述的「法國人標準」,你便可不用排隊,直入店內,由經理陪伴,奉上香檳,慢慢挑選名牌袋,這是當時法國人的「核心價值」。

在今天的香港，香港人聽到普通話便覺得厭惡，到訪香港的自由行人士都是一些沒文化、沒生活品味的人，只有香港的種種，才是唯一的標準，這變成了香港的「核心價值」。

今次重臨巴黎，發現基本上可以用英文與大部分巴黎人溝通，巴黎人的傲慢收斂了，多了點人世間的俗氣，與來自世界各地的遊客的距離拉近了，不再令人感到巴黎人和法國文化高高在上。

失去歐洲金融中心地位的巴黎

曾經，巴黎、倫敦和法蘭克福是歐洲三大金融中心，但近年大部分的金融機構都搬到倫敦去，巴黎的 stock market 只剩下一個軀殼。沒有了金融業的巴黎，建設及經濟動力都明顯慢了下來，巴黎人就只有聚焦到旅遊業、文化和創意工業。巴黎人不再只講法文，在巴黎城市內設有很多便利遊客的設施，街道上設置小型洗手間、標示、地圖及座椅，旅遊重點例如火車站、景點等，都提供清潔和安全的洗手間，只是要收費。

在巴黎的文化人和設計人，基本生活在政府的政策下是無憂的。文化及創意／設計是現今巴黎人的「核心價值」，在社會上備受尊敬，無論在博物館或是街上，都充滿著文化氣息。

近十多年來香港的現況，政治上既要不斷跟北京對著幹，又要仰仗中國這個龐大經濟體系保持亞洲金融中心地位，政治現實中，這是不可能持續的。上海及深圳金融業的迅速發展，加上新加坡一直努力要取代香港成為亞洲金融中心，香港絕對有可能在未來十年內失去亞洲金融中心的地位，那香港還能夠依仗什麼？

巴黎飲食文化與 cafe

巴黎人與香港人有很多相似之處，其中之一是喜歡 dining out，所以巴黎的餐廳林立，巴黎的 Cafe，基本上就像香港的茶餐廳，地道的餐館，一般都坐得很擠迫，在內用餐的人都喜歡高談闊論，分貝之高，與香港的茶樓不遑多讓。巴黎人絕對不是每餐都要飲五大酒莊的紅酒，但紅酒卻是巴黎人生活的一部分。咖啡是另一樣巴黎人生活的必需品，一位巴黎朋友笑說，若有一天他辦公室的咖啡機壞了，所有的員工都無法工作！

巴黎建築設計行業近況

巴黎建築師的大部分項目都在巴黎以外，巴黎市內的項目一般都是「紙上設計」，每個項目都要經歷四五個往返方案、需時幾年，然後大都因為建築費過高而不了了之。But they all get paid, and paid very well! 不過，有一點跟香港不一樣：每個項目，無論是私人或政府的，從一開始必會選定一位建築師作為整個項目團隊的領導。當我們談及香港政府工務工程很多都採用「設計與建造」形式招標，建築師在這機制中須在承建商或商人的指揮下做創意設計，對此巴黎人都感到不可思議，無法理解。

原來，巴黎的每一條橋，不論是行人、行車或行火車，都是由建築師設計及監督建造的，其他城市的設施配套亦一樣；巴黎人相信「DPP」，即 Design（設計）、Place（空間）、People（人）是令巴黎成為世界頂級城市的必需元素。

在巴黎的六天裡，令筆者聯想起今天香港的種種，但願更多香港人能在今個炎夏到香港以外，看看其他地方的現況，細心想想我們如何能夠走出現時的困局。

建築雜談

陳紹璋

2020-02-22 原刊於《信報》

分辨中港建築設計形式與表現之別的最主要因素,並不在於項目的規模(scale),而是以意識形態(Ideology)、國家機器(States Apparatus)與戰爭機器(War Machine)所驅使的城市規劃及基礎建設所形成的設置與布局有關。

分辨中港設計形式

以最簡單及概括的方式說明,中國大陸建築設計多以「內部化」(internalization)與「異化」(alienation)的方式進行;而香港則必須以「情境化」(contextualization)及「外部化」(externalization)的方向發展。縱使所使用的建築語言相近,但語境、含義及其表現出的人文精神層面則極度兩極化。

像所有共產主義國度一樣,前蘇維埃社會主義的建築風格及其背後所展示的「意識形態」,一直影響自二戰以後新中國的建築模式與發展。但有趣的是,與前蘇聯的建築發展相比,中國以相反方式與軌道進行。先以史太林式建築風格(Stalinist Architecture)開始,往建構主義(Constructivism)的方向前進(尤其自改革開放以後)。

縱使其中出現不同的建築風格,如國際主義(International Style)、後現代主義(Postmodernism)、後結構主義(Poststructuralism)及後建構主義

（Deconstructivism）等，以及那些項目經由各國有名的設計單位處理，但其表現與結果並不如他們在國外的作品，並不純粹！箇中原因，應與國內意識形態所衍生的烏托邦理念（官僚架構？）並投射於城市建設中，以建構主義為基礎，改變其中的元素及含意有關。

同一國際建築大師於同一時期於國內及國外的作品，很多都分別很大！這不只是品質問題（因國內建築生產模式？），而是國家機器與意識形態異化其應有的質量與意義。

最明顯的例子莫如扎哈·哈迪德（Zaha Hadid）的建築。這建構主義與原蘇聯於上世紀二十年代的主張不盡相同，這應與七十年代尾中國主張的富有「中國特色」的社會主義有關，並衍生其富有「中國特色」的建構主義的城市面貌。時代因素扮演重要的角色！這是 OMA（Office for Metropolitan Architecture） 與 OCA（Organization of Contemporary Architects）的對決嗎？（笑）

同一時空的香港，因其獨有歷史背景的因緣，並沒有受制於二戰前後的時代背景因素，以及意識形態之戰的掣肘，比較以開放、自由、隨意、自然的方向發展。另由於受英國殖民地化的影響，與當代西歐的哲學思潮及文藝發展，均影響香港建築發展。而英國建築發展歷程對本地的影響至為重要。

國際主義影響至深

　　戰前時期，可概括以新古典主義（Neoclassicism）為主要風格，如舊滙豐總行的設計，標示著本土設計達至高度國際設計水平，尤其於第三總行設計（於 1930s），其設計風格與技術水平均與同時代的芝加哥建築學派所主張看齊。而戰後發展，與英國建築的發展歷程相約，分別以國際主義、野獸派建築主義（Brutalist Architecture）、高科技建築主義（Hi Tech Architecture）、後現代主義及後建構主義方式進行。尤以國際主義於香港建築影響至深（至今？）。

　　其主要原因是香港一直以來都是亞洲的國際都會（自英國殖民以來），一個高度商業化並與外有緊密聯繫的社會。國際主義及二次芝加哥學派所訂立的商業建築語言及其含意，一直根深蒂固於香港，並影響至今。另野獸派主義的建築風格多表現於非商業建築項目上。尤其見於政府建築項目與公共房屋設計的發展，均深受其影響。

　　這兩大設計風格均主宰香港的城市風貌，兩大建築設計的優點及缺點因為「量」與「高度集中」而被倍數放大，所以香港建築的評語多是高度現代化但非常單調、高度密集且非人性化，以及高度情境化但缺乏文化背景考慮。

「量」與「高度集中」

　　這現象除了因為「量」與「高度集中」所伸延其背後所表達社會生產模式與實際需求外；究其原因應該是香港獨有歷史背景所驅使的城市規劃所至。但諷刺的是，中國有意無意之間模仿這模式及城市化的表達形式。

　　除了實際經濟發展需求外，這真的是唯一的模式嗎？沒有香港其獨特的情景，這表現形式所包含的意義又是什麼？

樹木人格分裂症

解端泰

2015-09-05 原刊於《信報》

樹，尤其是那些中等大小不太茁壯的，對在香港執業的建築師來說，是一件既愛且恨的事物。

假如閣下身邊有建築師朋友，你可於閒時試問一下他們對樹木的看法，我可以向你保證，百分之百的建築師都會說他很喜歡樹木；他可以滔滔不絕跟你講解，樹木對人類心靈是如何有益、對建築空間是如何互濟、對城市景觀是如何重要⋯⋯

不過，假如把場景轉換為地盤的工作會議，同一個問題，工程隊的答案必定令你驚訝。就算平日多喜愛大自然的人，在這一刻，也會如 Jekyll and Hyde 般，化身為一隻心理變態的惡魔：

「好了，打風了，真希望可以快點解決地盤旁邊的那幾棵樹⋯⋯」

「大喜訊哇！10 號颱風正面吹來，那幾棵樹今次必死了⋯⋯」

「哎喲！有沒有搞錯？塌下來的是對面馬路那棵啊。天呀，這樣玩我⋯⋯」

要了解這種「樹木人格分裂症」為何在工程界廣泛滋生，你必先要明白，在香港，保育一棵樹必須經歷種種難以

言喻的折騰——那一切令人沮喪的部門程序，以及令你想把頭髮扯掉的官僚提問。

首先，這是個孤獨的抗爭。在現行程序下，政府眼中的樹木只有「生」或「死」兩種，沒有必要考慮其存在的尊嚴。例如，地契項目中的車道入口，竟然列明在一棵大樹後面，即是給樹擋個正著；又或者，規劃好的行人過路處，竟會布置在幾棵大樹旁邊，如此種種。很自然，你會疑惑，這類明顯的衝突，無人會於起草地契條款時到現場查看一下嗎？地政署、路政署和康文署等等，都沒有指出嗎？答案當然是「你懂的」。

到設計階段，你又會發現，在發展商眼中，每棵樹都有一個「價」，只要它比住客會所雲石柱的價值還要低，它便沒有存在的意義了。這是我們社會價值觀的縮影，是共業。

之後，保育樹木便會正式進入一個非常累贅的申請和協調階段，情況就如美國太空總署發射「新視野號」探測器到冥王星一樣——你會發現，在整個過程中，自身處於一個十分孤寂的境地，每個你發出的訊息，由於位置問題，大家都要經歷漫長的航程，動輒也需好幾個星期，才在茫然的天宮星海裡追尋到對方的蹤影，才可傳遞正確的接收點，才有機會收到微弱、訊息又不大明確的回覆。

不過，很多時更是音訊全無，你還以為對方已遇到不測，在你瀕臨放棄邊緣的時候，突然又會收到從冥王星傳來的訊號，要求一點補給。例如，冥王星會問：「圖中的圓形是什麼樹？請確定。」之後，位於地球的那方會回覆：「已在圖左下角註明，請自己查看。Roger。」又過了數星期後，冥王星反饋：「圖中圓形下面黑色的是什麼？請確定。」地球續回覆：「是樹影。Roger。」又再隔了數星期後，冥王

星追問：「圖中圓形下面黑色的樹影中還有沒有樹？請確定。」地球回答：「樹下沒有樹。Roger。」

如此的低頻、低譜、低解度對答，可以持續很久，少則9個月，多則一年以上。

然後，你開始領悟到物理學家霍金的偉大著作《時間簡史》：當一棵樹掉進黑洞，時間就會拖延至無限長；相對地，地盤工程的進度，會變得非常快。

這時候，在你腦海中，會開始暗自埋怨，為什麼要對那幾棵樹存有惻隱之心？為什麼會讓數十億的投資給幾棵樹絆著了？為什麼原本的備用工期都在這幾棵樹的事情上給花光了？為什麼要抗逆大潮流，何不把它們砍掉重新種植新樹一了百了？為什麼會讓自己的堅持成了千夫所指而「黑鑊」？

在這千百迴轉的背後，你會聽到 Pet Shop Boys 的 What have I done to deserve this? 在幽幽地哼著。

所以，對於那些在般咸道四棵石牆古樹面前撒溪錢、燒冥鏹的有心人，我會跟他們說，斬樹是個痛苦的決定，這話一點也沒錯。

我深信，當天負責砍樹的工程隊隊長，開工前也可能在心裡念著：「樹啊樹，請你原諒我這對沾滿鮮血的手，你的默然犧牲，能把我與工程隊的弟兄從萬劫不復的痛苦程序中解救出來，釋放我們受折磨的靈魂。下世投胎你做那雀糞中的小種子，滴在迪欣湖旁的草坡上好了，那可保你千歲無憂，兒孫滿堂，千萬不要再掉到路政署或康文署管轄的花槽上啊！假如世上的百年古樹真的有靈，也請你寬恕我們，要報也請你報到要負責的人員身上，I will make this quick for you，有怪莫怪，阿彌陀佛！」

然後手起刀落，收隊回家吃晚飯，不再觸碰心裡對那四棵無辜的細葉榕的愧疚。

建新機場棄三跑 香港飛出一片天

張量童

2015-04-25 原刊於《信報》

　　機場管理局上星期在民間聲音愈來愈強烈之下，終於表示在啟動建設第三條跑道（「三跑」）的同時，會研究興建第四條跑道或第二機場的可行性，以應付 2035 年的航空交通需求。可是，當局並無解釋堅持硬推「三跑」而不乾脆建第二機場的原因和理據。

　　其實，當局建「三跑」由始至終欠缺理據，單以坊間熱烈討論的空域問題，機管局至今仍未能給予公眾一個合理的解說。一直以來，機管局及政府強調香港如想保持競爭力，便須興建「三跑」，其中的競爭對手包括已開始積極擴展的廣州及深圳機場；可是，當大家意識到空域使用權對機場容量的影響時，政府又立刻搬出一個由國家、香港與澳門於 2007 年共同制定的珠三角空管規劃與實施方案——那麼，廣州及深圳機場究竟是競爭對手，還是合作夥伴？日後「協調」時，她們肯讓利嗎？

　　我們的政府貫徹低透明度本色，拒絕公開空管方案的具體內容。不過，訂立該空管規劃與實施方案時，國家民用航空局已指出「方案基本可以滿足 2020 年珠三角地區航空運輸發展的需求」。然而，「三跑」最樂觀也要到 2023 年才能啟用，如果空管安排無法照顧香港到時的實際升降需要，我們是否要向北面的競爭對手「借路」？況且，當牽涉到國家民航局的協調，也意味著香港機場的飛機升降及航道一定程度上受人民解放軍的調控。因此，空域限制一日未解除，

三跑隨時變成「大白象」。

　　與其要在空域問題上無了期看廣州及深圳的面色,我們何不另覓地方建第二機場,讓香港飛出屬於自己的一片天?從地圖上看,如果在南丫島南部興建新機場,應該可以減輕空域問題。由於南丫島以南是遼闊的南中國海,航機可從東南方進入香港空域,大大減少與國內的鄰近機場協調共用空域的情況。而且,該區水域的保育價值較低,新機場可逐步發展,先興建兩條跑道,紓緩現有機場的工作量,日後可按需求將新機場擴展至四條、甚至六條跑道,為下一代建構一個靈活自主的機場發展空間。

　　反觀赤鱲角的地理位置,它極其量只可以容納三條跑道,真的不明白為何機管局覺得可以建第四條跑道。再者,「三跑」在設計上亦有諸多缺陷。一方面由於空域問題,「三跑」只能供飛機降落之用,所以無法帶來成正比的額外容量(即目前雙跑道的每小時 68 班次,變成三跑道的 102 班次)。另外,「成雙成對」的跑道設計一般能盡量減少飛機在地面橫跨跑道,效率較單數跑道的設計為高。正因如此,國際上甚少機場採用三條跑道設計。

毫無疑問，發展第二機場的成本一定高於增建第三條跑道，但如果效益遠超「三跑」，政府有責任研究其可行性，然後向公眾交代。已押注「三跑」的人和機構一定會以「時間不足」為由，抹殺放棄「三跑」、發展新機場的可取之處。

不過，「三跑」亦要面對自身的時間問題。根據機管局的預測，赤鱲角機場的容量將於 2020 年達到飽和，而「三跑」最早也要到 2023 年才可投入服務。更惱人的是，按《香港國際機場 2030 規劃大綱》中的預測，興建「三跑」也只能確保機場於 2030 年或以前仍能應付需求，因此「三跑」最多可為赤鱲角續命 7 年，工程既不劃算，亦不能滿足香港的長遠需要。

如果到頭來始終要建新機場，何不早日進行有關研究及評估，令香港的發展更海闊天空。

張量童為民間智庫博匯召集人、前新機場諮詢委員會及前深圳機場二期工程領導小組成員。

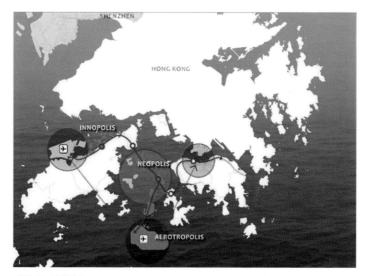

擬建第二機場位置

以都市設計改善生活環境

林禮信

2018-07-28 原刊於《信報》

　　油旺區人煙稠密，樓宇林立，鬧市逼得水洩不通。相信讀者也曾在旺角逛街，炎炎夏日下，在港鐵站口大汗淋漓、前推後擁的感受應不陌生，對街頭人車爭路的場面屢見不鮮。可這些街道兩旁亦是居民的棲身之所，他們每天要忍受混濁的空氣、眩暈的射燈、刺耳的噪音，得不到一點休息的空間。為居民著想，建築師及城市規劃師應如何改善這些舊區的環境呢？

油旺區曾作街道改善

　　區內的各種都市空間，如街道、後巷、公園和天橋，都很值得我們重新審視和設計，以改善市區的環境。其中，以街道設計對油旺區的影響最為重要。這區的街道比較密集，每一條都有很多商鋪、市民和車輛聚集，同時街道上方正的是街坊的居所。這種「下鋪上居」的都市生活模式是香港的一個特色。

　　反觀上海、台北、東京、首爾等亞太區城市，熙來攘往的街道比較疏遠，大街之間，由多條里弄而形成環境相對清幽的生活社區。所以，改善香港市區的生活質素應先以街道設計著手。

　　油旺區曾作出很多不同的街道改善實驗，如在旺角道加設行人天橋。在其他城市，興建行人天橋或隧道會調走街道

上的人流，截斷街鋪的客源，摧毀街道的生命力，確是不太可取。不過，旺角的人流已很充足，天橋下又有很多巴士站，聚集人流之餘又帶旺了鋪頭。所以，天橋亦未至於把街道扼殺。另一邊廂，該區又曾把西洋菜南街、女人街劃為行人專區。

曾有研究指出，市區建築密度愈高，街道愈能發展更多商鋪，使之更為熱鬧，但這因果關係猶如一把雙刃劍。雖然行人專區令街道生色不少，但同時對兩邊的居民構成嚴重滋擾。居民更投訴至區議會，最終促成「殺街」的決定。

我們作為一個社區過客，只看見剎那的浪漫，卻未必體會到居民的困擾。可見我們亦須適當地控制行人專區的使用方式，否則會弄巧反拙。有見及此，也許我們應嘗試延續道路人車共用的特性，如遷移垃圾收集站、設立上落貨專區、控制車場進出口位置及數量，此等措施不至於把人車分隔，但仍能有效提升街道安全。

除了街道，區內的許多後巷亦能為市區增添色彩。只要改善後巷的衞生及治安，這些後巷可成為市區中的便民捷徑。現時旺角、尖沙咀，甚至灣仔、土瓜灣、西營盤、中上環等區都有街鋪在後巷開設門面。

這些街鋪除了為後巷注入一點生命力，亦可以協助監察後巷的治安及衞生情況。又如「起動東九辦公室」亦曾邀請駐區的畫家改善觀塘及九龍灣的後巷，令上班族多幾條捷徑使用。對於一些開設在公眾休憩空間前的後巷，我們又可考慮拆卸休憩空間的圍欄，則可把空間擴展一兩呎，使之更為舒適。這些設計手法過往已採用於中環百子里活化項目，證明此舉行之有效。

為居民騰出一片藍天

都市人只求一片休息的空間，油旺區附近其實有很多公園和休憩空間，但常常隱藏於鬧市之中，一般市民難以到達，例如對佐敦的街坊來說，京士柏公園原是近在咫尺，奈何其通往佐敦的出入口十分隱蔽，設計師可以設計較為明顯的通道，讓街坊在鬧市中更容易得到一點喘息。

比方說，剛剛建立的何文田港鐵站便利了市民到達何文田公園、忠義街公園和京士柏配水庫遊樂場，在山頂上享受一點綠蔭。同樣地，透過加設路牌指示、改善街道及建設適量的行人隧道和天橋，太子站亦可連接至大坑東遊樂場，市民就可更容易去到這些現成的城中綠洲。我們更可把沿途的零星土地建作社區中心、球場等，增加社區的建設配套。

我們亦應重新審視區內的基礎建設，例如加士居道天橋一直影響油麻地區的生活質素，它打斷了油麻地天后廟的空地，更是該區噪音及空氣污染的源頭。待中九龍幹線建成，大部分車流將轉移至地底，屆時天橋應該退役。

其中一個方法是把它拆卸，為油麻地的居民騰出一片藍天，就如南韓政府把橫越首爾鬧市的天橋拆卸，讓埋在地下的清溪川重見天日，成為首爾市民日常休憩的好去處。另一方法是參考首爾的 Skygarden 和紐約的 High Line，把天橋綠化成一個給街坊享用的休憩公間，成本效益可能更為顯著。

這些設計許多都是牽涉公共空間的改造或優化，有些大膽提出，必須由政府各部門之間配合；現時牽涉公共空間改造的部門，至少有市建局、建築署、路政署、土木工程拓展署等，它們之間便須有效的協調。

設計社區營造

蕭鈞揚

2020-06-02 原刊於《信報》

　　適逢疫情，假期滯留在港，未能到外地旅遊。眼見疫情稍為緩和，各人蠢蠢欲動，在本地發掘尋幽探秘、登高望遠之處，重新發現香港各區均有其不同氣氛和節奏。

　　當常人認為最獨特的景觀都集中在維多利亞港兩岸的市區，各處的社區正在悄悄起革命，逐漸展示出其與別不同的一面。記得早前在日本和台灣旅遊，除了都市核心地帶充滿活力，也曾到訪過不少各具個性特色的區域和混合文藝氣息與在地情懷的社區。

　　東京的六木本是一個從上而下，被政府的大型都市更新計劃重新塑造的典範。今天，六木本林立的國立新美術館、三得利美術館、21_21 DESIGN SIGHT、森美術館等藝術空間；在六十年代，卻是遍布酒吧、夜總會的煙花之地，後期更被偏門的行業進駐，以致治安變差。和一般的文創園區不同，六木本結合藝術設計與商務零售，展出日本文化不同的面向，從傳統的匠人工藝設計、西洋美術、學生畢業展、日本流行動漫展覽，到以天災為主題的當代裝置藝術，盡在30 分鐘步程之中。沒有政府從後推動和發展商配合，此等規模的藝術商務區絕不會成事。

外地三個典範

　　台北的中山雙連卻是一個從下而上、由社區醞釀，政府配合的典範。從前，該區被台鐵淡水線穿越，兩旁有傳統的打鐵店、舞蹈社、電影院、百貨公司；至台鐵被地下的捷運取代後，區內的咖啡室、文創小店、金工店如雨後春筍般進駐，逐步形成一個隱藏在購物區旁邊的文藝聚落。於是當地政府亦著手配合，把位處社區中樞的綠化帶重新設計成一個更符合社區使用的活動空間，將附近的巷弄都連絡起來。此種改造以發揮街道特色為首要目的，為社區尋找屬於自己獨一無二的身份。

　　丹麥哥本哈根的 Superkilen 卻又是另一個典範。位處城市的北面，聚集來自 60 多個國家的人，該區曾因入歐公投和政府的遷拆而發生數場大規模暴動。為了營造社區和展示其多元文化，Superkilen 是介乎於街道和公園的一個存在。它以單車線串連整個地帶，兩旁散落各種戶外活動體育設施，配以不同文化的象徵符號，希望以此建立族群間對社區的認同。此空間在 2012 年落成，啟用至今尚未發生下一場暴動。

　　香港也未嘗沒有嘗試以公共空間或建築設計展示社區特色。民政事務總署在 2000 年左右夥拍香港房屋協會和各區區議會進行「地區展新姿計劃」，以改善社區環境和設立社區地標。其中的「長洲地區展新姿計劃」，集中在重塑碼頭與東灣泳灘中間的連結，途中加設藝術裝置、旗桿及指示牌，追求實用同時展示在地文化元素，如太平清醮的牌坊、中式帆船，和為香港奪得首面奧運金牌的運動項目：滑浪風帆。

本港不同例子

　　發展局推出的活化歷史建築夥伴計劃和市區重建局的項目近年亦為社區增添不少據點。

　　中環百子里是孫中山史蹟徑的一部分。雖然輔仁文社原址已不復存在，百子里公園卻展示香港在推動革命的歷史角色。灣仔茂蘿街 7 號曾邀請動漫基地進駐，後來因人流不足而退場，現時轉為藝術展覽場地，卻是區內難能可貴的喘息空間。其位處唐樓中間、充滿歷史質感的戶外公共空間，十分適合用作社區放映。

　　鹽田梓藝術節 2019 彷彿為香港的社區營造帶來另一條出路。與以往的目標為本和單一據點不同，鹽田梓以社區作為一個整體單位進行營造。本身已結合海島、農耕、鹽田、宗教等在地元素，再與藝術裝置結合，為社區交織出立體多面的性格。

　　若再進一步，可仿效瀨戶內國際藝術祭，邀請藝術家和建築師為島嶼度身訂造創作，建立獨特而具有身份認同的社區藝術庫存。

　　環顧香港各區，政府亦有投放資源改善地區設施、居住環境及衞生情況，自 2008 年起為各區區議會提供款項推行「地區小型工程計劃」，並由民政事務總署或康樂及文化事務署擔任主導部門角色。現時大部分款項用在實用為主的工程，例如興建休憩處、避雨亭、告示牌、行人路上蓋等工程，成效立竿見影。當基本實用需求被滿足後，區議會能如何發揮想像空間，利用建築工程為社區帶來願景和重塑本區身份？我們如何把社區看作一個整體，並把現時散落的據點交織營造？作為社區的一分子，建築師是時候回應地區的設計需要，把自己的知識歷練和意念想法回饋公眾，為社區營造出力。

1

2

1 位處台北中山雙連社區中樞的綠化帶，被重新設計成一個更符合社區使用的活動空間。

2 位於丹麥哥本哈根的 Superkilen，一個介乎於街道和公園的存在。

圖書館轉型

黃朝龍

2020-11-21 原刊於《信報》

　　圖書館過去給人的印象是一個很安靜的場所，是讓人專心閱讀的地方，圖書館的使用者都需要盡量不作聲，也不可以吃東西，以免騷擾他人。圖書館過去的基本功能是收藏書籍供人借閱，書籍包括各種圖書、小說、參考書、雜誌、地圖等等；之後隨著科技發展，除了書籍，圖書館亦提供錄音帶、錄影帶、鐳射光碟等等供人借用。

　　圖書館的設計方向正從過去的「以藏為主，以書為本」，轉變為「以用為主，以人為本」。新圖書館設計是以使用者所需要的空間為重，取代過去以收藏書籍為重；現在圖書館的功能已經不再只是提供書籍給使用者，更重要的是能夠發揮「連繫」的功能，連結不同的使用者使用圖書館的設施。因此，圖書館宜將需要收藏的書籍，以最密集簡約的空間儲存，從而釋放更多的空間，作為連繫使用者的空間。

　　隨著生活習慣的改變，圖書館成為了可以長時間逗留的空間，而不僅僅是閱讀的場所；使用者待在圖書館的時間延長了，便產生其他的需求，新設計的圖書館因而設有休息區，放置躺椅供使用者小眠；可以有討論區，容許使用者說話及小量吃喝，事關使用者長時間逗留在圖書館裡，自然想有稍為休息、喝咖啡的地方，以恢復精神，紓緩壓力。

　　圖書館就像一個生活的處所一樣，有讓使用者社交、放鬆和逗留的地方，圖書館裡的分區因而有藏書區、上網區、

兒童學習區、多媒體區、閱讀區、寧靜區、討論區、演講區等等，為不同形態的使用者提供不同空間。

圖書館可成為互動和學習的聚集處所，提供使用者所需要的館藏、空間和資源；小型及獨立的讀書站可以讓使用者專心並安靜地閱讀；彈性的家俬安排配合可書寫的桌子和牆壁，可以演化為各種學習形式的討論空間；靈活的演講區可彈性地分隔成大大小小的活動空間，用作接待、舉辦不同規模與類型的學術會議、社會活動、文化活動及各種表演。

因應資訊科技的進步，圖書館的轉型自然要滲入現代的資訊科技，圖書館空間規劃亦朝著科技化發展而調整。隨著互聯網和數碼科技的普及，實體書籍的需求降低了，很多圖書館都減少存放實體書籍的空間，並增加了電腦和多媒體設備的地方。圖書館已經不著重於「圖書空間」的概念，改而著重增加「學習共享空間」（Learning Commons）或「資訊共享空間」（Information Commons），以供使用者作互動討論之用，這些區域配置高科技網絡環境，例如可互動的觸控式熒幕、大型熒幕，以及具有無線投影功能的電腦，讓使用者透過互動學習來解決問題。

圖書館亦可發展成鼓勵創新的地方，透過提供更多樣的服務，吸引各類使用者群體，例如在圖書館裡設置創客空間（Makerspace），吸引共同興趣的使用者聚會交流，他們可在此分享資源和知識，以創造事物。創客空間裡可設置立體模型列印機、激光切割機等等，讓使用者把設計的數位化檔案轉換成塑料製作的實體物品，幫助他們進行創造。創客空間能提供既豐富又跨學科的互動交流機會，為不同的使用者供應各式材料、工具和技術；在這個空間裡，各使用者可以一起分享專業知識、學習新技能、拓展自己的思維和探索新世界。

隨著科技的進步，圖書館的設計已由過往只是藏書供人借閱的地方，轉變成為多元化的學習地方；圖書館不僅可以發揮供人借閱藏書的傳統功能，也可以扮演資訊科技及創新領航者的角色，透過不斷引入新科技設備，讓使用者認識和體驗新科技，產生鼓勵創新的動力。這樣，圖書館便能可持續地發展，廣泛地配合眾多使用者不同的需要，展現圖書館存在的功能與價值。

從疫症到後巷

胡漢傑

2021-03-06 原刊於《信報》

　　城市土地之下，除了有配水庫的「地下宮殿」，也有著縱橫交錯的地下設備管道網絡。早前因應疫症在社區的蔓延，政府以驗去水渠的方式，最先從佐敦的一些大廈後巷收集樣本，經化驗後再判斷該處是否潛藏隱患。筆者不評論此等化驗方式的成效，但藉此機會想談一談後巷：一個在城市中相對神秘的角落，過去同樣因疫病而生。

因疫病而生的通道

　　香港市區的街道規劃以窄長的網格街道為主，一排排大廈面向街道，大廈後面或側身設有通道巷（即後巷），除了是過往的住戶行人出入通道之外，就是為背對背的樓宇之間保留一定的通風和採光空間。筆者曾走訪荃灣的一些舊街區，樓宇只有四五層高，陽光很容易滲進後巷，相當舒適，故不斷有行人來往，不過走到樓宇更高的旺區就不一樣了。

　　百多年前的香港，後巷因疫病而生，十九世紀末鼠疫爆發，當時居住環境欠佳，「背靠背」、「背靠側」的樓宇因為欠缺通風和採光，被認為是疫病的溫床（中環的永和號便是目前碩果僅存的背靠側唐樓）。到 1903 年，港府通過《公眾衞生及建築物條例》，要求房屋背後必須預留至少 1.8 米闊的後巷，在經歷逾百年後，相關條例的精神仍在現行的《建築物條例》中延續。

被人遺忘 遠離煩囂

後巷基本上是個被人們遺忘的空間，它所呈現的是獨立於鬧市街道之外的風景。過去，有人會利用後巷出入口搭建簷篷開鋪維生，於是有聞名的後巷理髮鋪。除此之外，一般後巷因為人流不多，便成為了草根人士歇息的空間和臨時置物場所。已故德國攝影師 Michael Wolf 對香港風景十分著迷，曾推出攝影集記錄後巷百態，那是由工友的維生工具（掃帚、手套、發泡膠箱等）所堆砌的獨有秩序。一些唐樓的後巷通道出口甚至特意被塑造成不利外人進出的狀態，增加了後巷的神秘性。

今日由環境較佳的後巷所串連的「食街」亦有不少，同時因應政府的「香港好易行」計劃，一些後巷亦被美化成為更佳的步行空間，此舉無不從外國取經而來，澳洲墨爾本市中心便有不少被旅遊冊子所納入的後巷，從塗鴉藝術到酒吧、咖啡廳都有。

Service Lane 的功能

本地後巷在英語稱 service lane，顧名思義，它是功能性的，提供空間予各種設備管道（電線、通訊接線、水管、燃氣等）的鋪設，所以後巷亦是個集中了各種供管道維修用井蓋的地方。香港地下排水道布局可參考政府的地理資訊地圖，渠務署存有紀錄圖則，其他的設備亦在相關機構留有紀錄。

不過圖則的準確性一直都為業界所詬病，箇中原因可能是現存管道雜亂不堪，工程施工時或會因應現場情況稍作調整，亦可能有未經申請的違法接駁，過往政府部門的規管或鬆或緊，這些情況在舊區發生絕對不足為奇。

管道大小與人口密度有關，因這是規劃的事情。以去水渠為例，和交通流量增加就需要開闢道路一樣，當人口增加就會影響現有地渠的排水能力，因此舉凡違法和錯誤接駁、住戶不當的使用習慣（如誤將垃圾經馬桶沖走），都可能令渠道淤塞及有倒灌回大廈的風險，引起衞生問題。一旦遇上舊樓重建的審批，渠務署就可能會要求該項目為地渠「升級」，以維持應有的容量。

後巷是城市為了維持樓宇健康環境而生的產物，至今仍然適用，不過現在新規劃的地區更傾向大型綜合發展：更寬闊的道路，在更大的地塊中有更自由的座向規劃，樓宇間亦可能有更廣闊的通風廊和綠化空間，是和舊式街道一排排大廈完全迥異的規劃系統，因此屋宇署對《建築物條例》中所謂通道巷的要求亦變得似有還無，不難給予放寬。

對你來說，這是樂見的進化嗎？還是舊區中具歷史沉澱的複雜城市肌理和喧鬧，更能令你感受到由社區街道所串連著那和而不同之趣？

人工智能將取代建築師？

郭永禧

2017-12-02 原刊於《信報》

　　說起人工智能，大家也許想到 AlphaGo 打敗人類頂級圍棋手、全自動無人駕駛汽車技術。此外，科技界近年積極研究聊天機械人，未來可迅速回答客戶提問；微軟研究的 Health bot 據稱還可根據用戶描述的病情，作基本診症，成為智能家庭醫生。

工作和前途受到影響

　　年初，麥肯錫管理諮詢公司發表報告，指人工智能極大機會取代體力需求大的勞動型工作；該報告也指講求溝通、專業服務的行業（如管理階層、專業人士和教師）則較難取代。

　　身為建築師，同業有否想過人工智能如何影響我們將來的工作和前途？

　　英國劍橋大學物理學家霍金教授曾經說過：「對於一個生物大腦與一台電腦所能取得的成就來說，其間不存在深刻的差別。所以從理論上來說，電腦可以仿效人類的智能，並超過人類的智能。」阿里巴巴主席馬雲甚至向人類發出警告，人工智能技術有機會觸發第三次世界大戰。隨著科技進步，人類不少工作將由科技取代。

　　這樣看來，人工智能構成的「潛在危險」實在不少。那麼在建築行業領域中，人工智能正擔當什麼角色？建築師的工作會否由人工智能取代？

筆者最近參與關於探討建築資訊模型（Building Information Modeling, BIM）發展的會議，席上演說者展示他們如何於整個建築周期應用 BIM，由初步設計、建造工程到完工後設施管理，都可以運用 BIM 作輔助。

最令筆者感興趣的是，其中一位與會者輸入不同參數，例如日照時間和風向等，便會得出大量的量體模型；建築師其後還可加入一些限制或考慮，例如當地的法例法規、把單位擁有優美景觀的數目最大化等。

當然，建築師可把得出的結果加上不同的配置，例如在適當之處加上不同的長度、直向或橫向的遮陽板等。

透過電腦運算，得出建築的外形和立面設計，在說服業主方面，便有了更良好的事實根據的基礎，而不是單單從建築師的個人喜好或藝術角度出發，或是外界認為的「隨心所欲」了。因為大自然有其定律，建築物作出相對的回應，便可達致節能環保，減少使用資源。

雖然近兩任特首在《施政報告》大力提倡，但 BIM 一如其他創新科技，在香港尚未普及化，但北望內地，已經出現號稱世上第一個人工智能建築師 Xkool 小庫科技（可瀏覽 http://xkool.ai/），它是「騰訊 AI 加速器」的其中一個首批成員。

據介紹，它能幫助建築師和開發商完成常規的分析、規劃和建築設計的前期工作，例如概念設計，還可以對接後期的深化設計和施工；它也是第一款在實際建築應用層面上，可結合機器學習、大數據和雲端智能顯示等技術，把多種先進算法融入到簡易的操作中；它還可以實時智能設計出多個方案，以及於短時間內計算出多種設計。

根據產品網頁介紹，正式發布前，小庫科技已經投入實際應用——參與深圳灣某產業園項目的全球公開招標。

小庫科技的創始人組成只有兩三人的小團隊，參與國內組競賽部分，在該概念競賽階段，主辦方規定參賽者須於兩三週時間內，完成 100 萬平方米的城市和建築設計。

別給新科技牽著鼻子

若以往常手法和人手處理，在這規定時間內完成方案設計，很是吃力。然而，他們利用小庫科技便於短時間內計算出多種設計，令最終方案具有相當的深度和廣度，進入最後階段。

看來人工智能的應用，能令業主和建築師省卻更多人手、時間和金錢，便能得到大量的設計方案；建築師的工作也許變得更為輕省，用於前期設計和繪圖的時間更為節省。電腦的思考也比人類縝密，有一天若它們學懂「設計」，甚至可威脅建築師和繪圖員的生計。

然而，好的建築設計不只是理性分析問題，而是提供答案。

人工智能無疑可成為建築師的幫手，可提供初步的理性分析，但建築師絕不會、也不應滿足於它提供的方案，建築師還應加入不同元素，例如空間處理、使用者的動線（circulation）安排、外形與周遭環境和建築物本質的關係等等。

我們不要抗拒新科技，但也不要給它牽著鼻子走，要有智慧地利用人工智能發展，完成更好的建築，勿忘初心地設計出人性化和富有藝術氣息的建築（人性化和藝術成分正正是人工智能所欠缺的），注入感情和生命力。

設計·

幸福

從「三餐一宿」的基本需求開始，香港由掙扎求存的殖民社會進化為共融共享的國際都會；同時本地建築亦由提供「瓦遮頭」的角色演變為「幸福感」的載體。當中文化承傳、生態保育、社會公義、長幼共融的觀念，正在滋養著看似晦暗未明的未來成為出污泥而不染的人間樂土。但願建築在這變與不變間，成了過去與未來的連結，掏空了你我的偏執，帶來幸福滿滿！

鄭炳鴻

黑色創意歪風不可長

解端泰

2013-03-07 原刊於《信報》

　　去年 12 月中，香港建築師學會舉辦了一場集思會，諮詢會員對學會未來幾年發展路向的意見。集思會的結語涵蓋多個範疇，大家的意見不少，內容不在此詳述；有一點卻是所有與會會員十分贊同的 —— 學會必須堅持鼓勵具創意的建築設計，以及倡導優化本港的建築發展。

言猶在耳

　　集思會後不久，筆者便收到老朋友一則短訊，傳來一幀正在網上瘋傳的照片，那是一篇新聞報道內附的一張樓盤平面圖。這圖則很特別，每個單位的格局都呈「U」字形，客廳和主人房在天井兩側隔空相對，每個客廳都有個「長」窗台，不過窗台並非朝戶外開揚空間布置，而是反過來，向內天井「面壁」開啟。

　　當中一伙的設計最奇特 —— 客廳和主人房均設有窗台，兩道窗台竟是面對面互相對望，相隔還不到兩米，即是從客廳可以直視主人房內的一舉一動，恍如荷李活緊張大師希治閣大作《後窗》的現實「近距離版」。這真是聞所未聞，讓人「大開眼界」！

廳房窗台竟可互望

　　老朋友當然知道筆者的職業，所以短訊劈頭第一句便以開玩笑的語氣問道：「是哪個 XXX 劃㗎？咁都劃得出？」

鑑於香港建築師學會《會員專業守則》的規管，建築師不能對同業作品作出具貶衊性的評論，所以筆者只可引述老朋友的短訊原文，僅此而已。

按一般人理解，創意都是好事，有跳出既定框架、尋找新出路之意，我們潛意識中都已假設創意能帶給我們生活上的進步。不過，當社會價值觀遭忘形的商業計算與貪婪蠶食至扭曲，創意遭利用到壞的一方時，我們的社會便會出現頭髮豉油、塑膠雞蛋和三聚氰胺奶粉等匪夷所思的「黑色創意」商品。

科學化的日光實驗（Daylight Studies）早已推翻坊間的普遍誤解 —— 窗台是不會比對等的平裝窗引入更多自然光，而令室內空間變得更為光亮。窗台的唯一好處是，可讓我們把頭探到大廈牆身以外的位置，享受較寬闊的戶外景觀視角；縱然這視角感受只是局限在窗台線範圍之內，對室內空間景觀的影響其實甚微。

因此，一個「完全零景觀」的窗台絕對是一件「創意商品」，本質上跟一隻不能吃的塑膠雞蛋沒有分別。曾經有位專業人士很認真地對筆者說：「窗台已經係香港嘅建築特色，冇乜唔妥呀？可以放吓啤啤熊，幾好呀！」是的，我們的確不能阻止一些人以塑膠雞蛋當乒乓球來打的。

過去幾年，香港住宅樓宇的「發水」現象（其實是「縮水」）持續惡化，當中窗台的泛濫最為人詬病。政府因應民情洶湧，於 2011 年推出《可持續發展指引作業備考》，收窄規管窗台的設計。不過，與此同時，屋宇署對樓層高度、機電用房等配套設施的樓宇面積豁免申請亦變得極度嚴苛，每每都以「內部指引」為由，設定一些《建築物條例》以外的標準，否決某些方案申請，或附加一些額外條款，以防濫用。

為免再次予人雙重標準、後知後覺的錯覺，對於一些明顯有濫用之嫌，用家可能怨聲四起，但又毫無美感可言的尾班車「創意商品」，屋宇署是否也是時候制訂一套「內部指引」，衡量應否予以「無條件」豁免樓宇面積計算？

「網上則王」同時也突顯了本港的專業人士在角色上的憤慨和無奈——世風日下，「無賴式」商品的萌生，是當下社會價值觀的縮影，反映了我們對公德、公義的取態。

腰板堅硬 勿做乞兒

任何「搏到盡」的事情終有它的底線，建築師有責任堅守專業良知，謝絕挖空心思、有違公德的設計，遏止那些與優化我城理念背道而馳的歪風。建築創意不能建基於歪理歪念之上，否則建築師的社會形象和誠信只會蕩然無存，後果只會是生活質素的大倒退！

不過，正所謂「樹大有枯枝，族大有乞兒」，本港的註冊建築師約有三千人，加上來自其他「非建築師」界別的註冊認可人士和繪圖員，從事建築設計、策劃和圖則申請業務的人員更遠不止於此數。

面對無賴歪風席捲我城，單憑香港建築師學會一己之力，以「家法教仔」堅守原則，實在談何容易？惟有靠建築同業的自發醒覺，以及他們腰板的硬度，勿做族內乞兒！

劏房催生城市貧民窟

鄭炳鴻

2013-09-12 原刊於《信報》

　　1997 年，基於樂觀預期而衍生的虛幻經濟泡沫，讓年輕人相信只要擁有住房，就可保有富足生活；這個「香港夢」隨著環球經濟衰退、「沙士」疫情爆發而一覺醒來。當「地產不敗」的神話破滅，理應對長遠房屋發展有所裨益。

　　不過，痛苦的經驗無阻港人投入下一場「泡沫遊戲」。這次，藉著大陸湧入的熱錢，香港房產成為十三億潛在買家的炒賣對象；結果是，本地「八十後」雖有置業安居的需求，樓市卻苦無合理的價格，讓他們可沾手經濟住房；這種處境在暫停興建「居屋」和「勾地」措施後更趨嚴重。

「偽裝豪宅」愈來愈多

　　「八十後」對住房的渴求，混雜對政府的失望，他們透過各種批判、示威，以表達對房屋政策的不滿。而失效的土地供應政策，就如雙刃劍般調控地價又提供公共財富，所以房屋不單是社會問題，更是影響香港未來一代複雜難解的政治議題。

　　當下香港求變，房屋正是新一屆政府的燙手難題，私人房屋的土地供應有限、公屋的興建率下降，導致房屋供應產生結構性短缺。

　　八九十年代，政府與私人發展商在新市鎮或大型綜合發展上，以夥伴形式提供私人經濟用房；當規模膨脹而發展商

對低利潤的房產品失去「食慾」時，夥伴關係便不復存在。因此，把屋苑包裝成豪宅，迎合虛構的社會階級，售價提高後，卻與用家的承擔能力脫軌，結果是提供予用家的住房進一步萎縮。

作為房屋供應的補充，政府曾「歷史性地」委託市區重建局，並曲線通過港鐵公司為半官方執行機構，於市區更新重建、在車站上蓋提供住房單位。可是面對龐大利潤的誘惑，這些機構變質為「認可發展商」，只往利益傾斜而忽略社會和環境的考慮。在其權限下，這些機構夥拍大發展商，增加土地容積率、倍加售價，把利潤最大化。因此，這些「偽裝豪宅」與經濟用房的承擔力之間，已擴闊為一難以跨越的鴻溝。

現時中產下流成為新的「勞動階層」，為了解決往返居所與工作地點的問題，這些新勞動階層別無他選，只可留守能力範圍之內的租賃產品——「劏房」，這種情況令人們的生活質素和樓宇安全不斷惡化，累積的效應已衍生新的城市貧民窟。這批隱藏的貧民窟原該由市建局負責改善，它卻以「樓宇更新大行動」粉飾，最後房屋供應和生活質素均沒作適當處理。

香港豪宅吸引餘資

香港經濟可說繁榮，龐大儲備已增至六千億港元，加上人民幣正尋求海外投資機會，在環球財經不明朗的形勢下，香港豪宅是吸引剩餘資金的「好投資」。作為投資食物鏈，投資者、發展商、地產代理和業主組成一個自我強化的聯盟，通過「房屋」投資以培植資金。當有限供應的可買可賣樓面遇上熱資的渴求，便形成豪宅市場持續短缺、樓價不斷攀升的現象。

基本上，豪宅投資屬全球性的普遍現象，但香港情況的特殊，在於她的有限地界和雙重政治身份，她一方面享受資金在開放制度下可以接通大陸和全球，另一方面則受高地價政策困擾；當土地受到控制而成為罕有資源而房屋作為商品時，房屋便不單視為穩定社會的必需品，更可視為商品運作，讓資金流轉和劃分社會流動。

　　原則上，房屋的三分法（豪華住宅、經濟住房、公共房屋）在平衡供求下，應各自調節，當豪宅需求膨脹而經濟住房供應萎縮時，市場因而失衡，並極化為高端房產和低質居住單位。

　　在訂定公共房屋申請的門檻時，政府實質上是以地價提供資助予低收入人士，結果是年輕勞動階層面對兩難局面，既想獨立，卻難以承擔高昂的住屋開支。

　　在富裕的香港社會裡，現實是大約有五十萬人既未能置業，又得不到公屋優惠而淪為「在職貧窮」，所以核心的問題是如何為他們解決住房的需求，而土地供應是否解決住房的關鍵，抑或有更好的方法讓他們走出現在的困境？

自由空間・開放城市

鄭炳鴻

2019-09-16 原刊於《信報》

去年威尼斯建築雙年展以「自由空間」（free space）為題，藉建築的角度探討當代自由空間的何去何從。香港的策展團隊以「垂直肌理：密度的地景」解題，通過一百個建築師的一百個塔樓，以垂直空間展開對城市自由空間的迷思，但經過今年夏天「反送中」社會運動的衝擊後，相信令很多建築師重新思考空間的可塑性；並開始質疑固定於基地的垂直空間可否取替水平空間「若水」般所發揮的自由，而這種在連綿有節、此起彼落中所呈現的自由空間又可否啟發我們重構城市的未來想像呢？在經歷了長逾三個多月的社會運動，我們從中體會到一些傳統的空間概念正受到當代的溝通模式及價值取向挑戰，並迫使我們必須重新理解不同的自由空間詮釋以回應新世代的訴求。

「空間」作為人類活動的載體，按德國美術史家羅伯特・菲舍爾（Robert Fisher）定義空間為「環境與靈魂之間的對話」，則可理解為人與環境的互動感召而單非物理性存在，這樣自由空間的出現必須因應環境而產生予人的自由感，即人類皆有的情感，如喜、怒、哀、樂均可在這裡自由地得以表達或感受。若以此為出發點，最近的社會運動由市民自發展示的一場「空間革命」，正是顛覆了我們對公共空間的形成及固有的空間形式概念。綜觀這些空間概念，我們可以嘗試通過觀察再分析出以下多種形態，值得我們重新思考「自由」與「空間」的互為因果：

1. **自由若水‧無界廣場**

　　在大多數城市中，政府機構前一般都設計可聚集市民用以表達訴求的廣場，一般均以公共建築物圍繞俯視群眾，組成有形有體可被含括的公共空間，如北京天安門廣場、羅馬人民廣場（Piazza del Popolo），在香港政府總部內添馬公園的設計原意也是如此。以人們集結成「形」而設計的廣場，在當下卻化成流動的「勢」。由「雨傘運動」開始，人們自發佔領夏慤道，將原來交通幹道轉變成聚集群眾的廣場，顛覆了傳統廣場的空間概念。而在這次「反送中」運動中，曾經出現的集體記憶又被重新喚起，並多次形成不同的形態，有時集中，有時分散，隨事變化，無邊無界；空間通過人群變化，若水流動，將預設「廣場」為既定場所的觀念更恰當地賦權於個體自由的有機結連，即「廣場」是因有廣泛共識凝聚而成的場所，成為因人而變的自由空間。

2. **流動自若‧行走城市**

　　除了這種不被框定為廣場的自由空間外，我們同時認識了一些由相近個體集結形成的流動空間。在六十年代由建築電訊（Archigram）所倡議的「行走城市」（Walking City）意象，形容城市如生物一樣可以步行移動，論述城市按所需步走而無須固定的空間。這情景正好呈現眼前，由數以萬計的人群在街道上形成的步移空間，將「行走城市」由想像落實到現實中。其中最令人驚訝的莫如救護車出黑海的場面，這種空間除了有自然向性外，還會有意識地回應特殊情況，甚至是產生不同情緒，有機地凝聚或消散。

3. 遍地開花・有機社區

　　在去中心化的前提下，這場運動呈現多元形態，以「點、線、面」的不同方式將自由空間無限註釋。由「各自努力」的點狀空間至各區出現的連儂牆，再發展至連結各區的人鏈，同時亦將虛擬網絡構建成共享平台，甚至再拓展為全球報章表達意見的立體多元的自由空間。

4. 本土特色・創造地標

　　每座城市都有各自的靈魂，在香港引發的社會運動中除了上述自發出現的自由空間外，最出人意表但又可反映本土特色的可算是在獅子山頂出現的登山行動，把本來象徵著香港精神的自然地標，由眾人參與而轉化成一道動人心弦的人文風景。這般將已是深入民心的地標賦予新的象徵意義，為這個開放城市創造「自由空間」的想像，甚至昇華成眾人心中的理想圖騰。

　　現代建築大師密斯・凡德羅（Mies V.D. Rohe）認為現代建築必須反映「時代意志」（Will of the Epoch），或許香港作為開放城市及因這次運動衍生的自由空間，正巧反映了這個「後物質」年代追求自由的意志，更可指引香港往後城市發展的趨向。

漂流奇想

李欣欣

2021-03-13 原刊於《信報》

　　在七十年代，有一套很流行的恐怖題材日本漫畫，譯名為《漂流教室》（或《漂浮教室》），故事講述一次奇怪莫名的大爆炸後，整所大學和小學，以及其中的師生被時間漂移到另一時空 —— 未來世界，與原來的世界隔絕；而由於人類數千年來不斷污染地球、破壞環境，未來世界維持生存的物資十分緊絀，四周一片荒蕪如同廢墟一般的沙漠，地球正步向毀滅，人類正走向滅亡，面臨世界末日，故事主人翁活在絕望之中，不曉得能否回到原來的世界。故事目的固然是警惕世人，鼓勵愛護環境，建立一個美好的未來世界。但令筆者感興趣的，倒是這種「漂流」（或「漂浮」）的概念，可以令使用者有設身處地的經歷及感受，應該比任何文字、語言及影像帶來更震撼的影響及反省。

　　這種時空轉移的「漂流」（或「漂浮」），目前的科技當然辦不到，但在現今世界，面對著許多土地或資源不足的問題，如能具體實行，也未嘗不是一個解決方法。

受災地區建水上學校醫院

　　全球暖化造成極端氣候，在南亞的孟加拉，每當雨季，傾瀉而下的大雨經常造成水患，許多學校被迫關閉，孩子們被迫中斷上學長達好幾個月，這對孩童們的學習進度造成不良影響；有見及此，當地一個非牟利組織「Shidhulai Swanirvar Sanstha」應運而生，從 2002 年開始引進「漂浮

教室」，建造素材皆以當地的天然資源，船上安裝由太陽能
發電板打造的屋頂，為船隻提供動力，讓船內的設備得以正
常運作；每當雨季洪水淹沒學校時，「漂浮教室」便會到災
區接載孩子們上課，提供學習的場所，讓孩子們能夠不間斷
學習；此外，每艘船都設有小型的電子數位圖書館，以及幾
台可以連接無線網路的筆記簿型電腦供孩子們應用。

　　新冠肺炎肆虐全球，各國無一幸免，各地醫療資源的
需求極大。美國政府為了紓緩紐約和其他地區醫療系統的壓
力，派遣了海軍的「漂浮醫院」前往支援，軍艦的任務並非
救治新冠肺炎患者，而是充當普通病房，分流罹患其他疾病
的病人。作為「漂浮醫院」，這些軍艦的裝備比正規醫院毫
不遜色，除了擁有海軍醫護人員、後勤人員及病床外，還配
備有直升機甲板、手術室、放射室、藥房、醫療實驗室和掃
描室等；部分軍艦過去亦曾多次於大災難中執行救治任務，
例如 2010 年海地大地震和 2017 年 Maria 颶風，並拯救了
不少生命。

地球上的海洋總面積約為 3.6 億平方公里，約佔地球表面面積的 71%，而森林則佔地球面積約 9.5%；森林對於穩定全球氣候、潔淨水源、處理二氧化碳等方面有著關鍵性的作用。無論對人類、野生動植物，以至整個地球的健康與福祉而言，森林都扮演著至關重要的角色，是地球約三分之二陸生植物和動物物種的棲息地，是大小社群的命脈，更是抵禦災難性氣候變化的最後一道防禦。可惜，自工業發展以來，為了增加土地供應，樹木被大規模砍伐，森林的面積急速減少，地球生態被破壞，許多與林共生的物種被迫遷移，生命面臨威脅，甚至瀕危絕種；溫室氣體的釋出，加劇氣候變化的影響。因此，保護森林、減少土地開發實在刻不容緩。

因地制宜靈活使用

要解決土地不足的問題，如能好好利用海洋及「漂浮」的概念，未嘗不是一個解決方案，除了前文提到的「漂浮教室」及「漂浮醫院」外，還有「漂浮酒店」、「漂浮博物館」、「漂浮辦公室」等，這些設施可以因地制宜，根據不同地方的文化背景、天然資源及實際需求而設計及製造；結合「漂浮」的意念，在使用上可更靈活，例如「漂浮教室」可接載學童到與學習題材有關聯的環境，從而令學童有更設身處地的觀察及經歷；例如「漂浮博物館」，可接載參觀人士到與展覽題材有關的場景，從而令參觀人士有更深入的了解及體會；當然，採用這些「漂浮」設施的同時，必須就相關的供電、排污及配備系統作出適當的安排，絕對不能本末倒置，反而對海洋和環境造成破壞及不良的影響。

有無好「橋」？

區紹文

2019-10-12 原刊於《信報》

　　生活在香港，除了街道旁的一幢幢大廈，在我們身邊也有很多不起眼的建築物，構築成我們生活的城市空間。其中常見而又容易備受忽略的是，城市中的「橋」。

超越天橋的「連接」功能

　　身處香港這個高密度城市，市民對行車及行人天橋並不陌生，但一般只視這些天橋為城市的背景。香港的天橋大多都是功能性地，利用最普通的灰白色混凝土，配上標準的鋼構件、玻璃及金屬天花組合而成；部分會在標準的金屬欄杆上，掛上鐵皮外殼，內裡是塑膠的可替換式花盆等等。令人不禁狐疑，天橋只能是這樣的一個標準樣子嗎？

　　環顧海外，會發現不少設計獨特的天橋，例如位於首爾、由荷蘭建築設計師 MVRDV 設計的 Seoul Skygarden 項目，把原本 983 米長，位於市中心的高架行車天橋，加進大小、高低不同的圓柱體，種了 24000 棵南韓原生植物，錯落有致地散落橋上，令沉悶的功能性建築，活化為一個充滿生氣的行人天橋／公共花園，並把首爾的現代城市景觀，與大自然連結起來。Skygarden 糅合了商店、茶館、餐廳、藝廊、劇場，同時駁通市中心的酒店住宿，並於晚上配合淡藍的燈光，超越普通行人天橋「連接」的功能，營造出獨特的社區體驗。

類似的概念，也能在紐約的 The High Line 找到。The High Line 前身是一條位於曼哈頓市中心的高架鐵路，建於 1930 年代，本意是把鐵路與路面分隔，以減低行人與火車爭路的情況。後期由於高速公路的發展，八十年代該鐵路停止運作，整段高架橋樑荒廢，面臨清拆命運。由於清拆工程遲遲未有展開，野生植物散落荒廢的鐵路上生長，慢慢衍生出一個獨特的自然生態。

　　於九十年代末，經當地社區居民的推動，加上政府的支持，成立本土組織 Friends of the High Line，把荒廢的鐵路改造成一個貫通整個曼哈頓市中心的行人橋／公園。園境建築師 James Corner Field Operations 及 Piet Oudolf 在設計裡保留了不少原有的鐵路元素，包括重用原有的路軌作地面區域分隔，又或是以路軌的枕木作為座椅的原材料等等。

　　濃密繁多的植物也是 The High Line 的一大特色。它的園林設計不僅保留當地常見的花卉，也引入不同大小、不同色彩、不同品種的植物，配合 The High Line 不同段落的特徵，使人同時有穿梭於森林／草原／城市花園的感覺。這些植物的維修維護，大部分是依賴當地居民義工的積極參與照顧，而不是純粹由市政府外判管理。這種管理模式容許設計師有更大的自由度，透過設計，營造出更多變化的體驗。紐約人除了利用 The High Line 作為便利的走廊，也同時在這裡悠閒散步，安靜思考，或慢跑，或坐下喝杯咖啡，孕育出一個保留歷史又貼近生活的共享空間。

香港只有「志明橋」？

　　回看鄰近我們的深圳，也在積極改善行人天橋設計，福田區的步行天橋改造工程便是一個好例子。來自香港的利安顧問公司，利用每條行人天橋各自的地理位置，在它們附近

的環境中尋找個性化元素加以提煉，創造出每條天橋的獨有個性。例如新洲及彩田萬佳天橋是通過「借用」其周圍茂密樹木的特徵，以設計手法把樹的感覺「帶到」橋上；除了遮陽擋雨的功能，還在潛移默化下，帶出綠色環保概念。通過觀察及轉化這些周邊環境特色，建築師把市民的日常生活與行人天橋空間連繫起來，達到提升城市人文生活空間質素的效果。

其實，香港公共天橋的設計大部分都千篇一律，其主要原因是想以標準化設計去降低建造及維修成本。但是否真的沒有空間同時兼容實用和美感？偶爾香港也能發掘到獨特的天橋景觀，引發市民的興趣，例如位於觀塘的「志明橋」，便吸引不少市民特意走到那裡「打卡」。

香港在未來會出現更多的「好橋」嗎？這願景有賴市民提升設計意識，明白公共天橋可以容納不同意念，並向有關部門反映。早年有聲音反映公園兒童遊樂場千篇一律，隨後政府確實有從善如流改善設計；近年便見到不少擁有獨特個性的新公園落成，大獲市民好評。期望類似改變也能在天橋及其他公共建築上出現。

1 紐約市高架公園（The High Line） 的入口。

2 高架公園內種滿了不同物種的植物。

3 側面看「志明橋」，是否有點像一架客機？

4 全混凝土構建的「志明橋」，有一股獨特的美感。

媽媽請開窗

關紹怡

2015-09-19 原刊於《信報》

　　每當轉季，4 歲兒子的氣管便會變得敏感，晚上咳個不停，醫生開的藥只能治標；小伙子的身體隨著大自然變化，彷彿是個反映節氣的鬧鐘。

　　新曆 8 月 8 日是農曆立秋，我未有留意節氣轉變，回家後如常把冷氣開盡，兒子連夜的咳嗽才忽然提醒我這個媽媽：「該已立秋了吧。」

　　改天又向醫生取藥。「除了吃藥，試試在房裡置一台暖噴霧機，當又冷又乾的空間有了濕潤和暖的空氣，應可改善你兒子氣管擴張的問題。」

　　醫生的提議在腦海裡轉來轉去，只是愈想愈覺矛盾──開冷氣不是要降低室內的濕度和溫度嗎？幹嗎又要多加一台提高溫度濕度的機器呢？心裡整天納悶，回家後鼓起「勇氣」，關上冷氣，把窗全部打開。

　　涼風至，白露降。8 月 10 日第一個不開冷氣的晚上，意想不到，涼風漸送，濕潤和暖的空氣擁抱著兒子，他安靜地，睡了一晚又一晚。

　　朋友聽我說 8 月天的晚上關上冷氣睡覺，覺得頗為大膽。「這麼熱的盛夏夜，要環保節能也待遲點再說吧。」這種想法，大家原來已習以為常。其實，香港的氣候還是挺溫和的，夏天未如我們想像般那麼熱，關上電掣，推開窗戶，8 月的香港，夜涼如水。

　　我與很多人一樣，像是一種依靠冷氣維生的生物——白天在無窗可開、只有景觀的玻璃罩內工作，上下班擠在玻璃密封的公共交通工具，回家後開盡冷氣，從沒意識嘗試推開那兩扇小得快給窗簾掩埋的小窗。細心看看，家裡的「窗」原來很大，房間有多大，它便幾乎有多大；但所謂的「窗」，只不過是一塊塊不能移動的景觀玻璃。看著窗外搖動的樹，常在想：「外面該很涼快吧！」

　　雖然身處一個 46 層高的單位，四邊開揚，本該空氣通爽；事實上，單位卻像一個缺氧的金魚缸，悶熱得令人只想開盡冷氣機。至於那兩扇只得 70cm 闊的小窗，附有一個奇怪的設計，要推開它也得花上一點氣力，先要把兩個安全扣扳下，才可一推而盡。說實在，外邊就算颳著颱風，鮮風也難從兩條小於 5cm 的窗縫溜進來。

　　以通風程度看，香港的房子新不如舊，美輪美奐的現代豪宅，普遍只有少得可憐的可開啟窗門。

不知道從何時開始，減少可開窗門的數量、多加大型觀景玻璃窗已成為新型住宅設計的主流。還有，可能基於房間面積細小的關係，對流窗更是極為罕見；如果要「穿堂風」入戶，在絕大部分情況下，還須依賴衞生間的小窗或廚房的窗產生對流。

節約能源是現在連幼稚園也會教導的概念，但要關上電掣，生活空間的基本條件要能配合才可做到。多一個可開的窗，便可以產生和加強室內對流。常說人性化建築設計，先不論是否與節能掛鈎，這樣基本的空間質素，根本是每個居所應有的最基本條件。

「穿堂風」只有不少舊式唐樓才可做到，想起來還真可笑，我們現在的所謂新型設計，竟要長開輔助功能空間的窗戶，才能引來「穿堂風」。

要推開窗、關上電掣，對許多小家庭來說都不是一件容易做到的事。聽說內地已研發一種「對流窗」，它「不用開窗已能給房間通氣，不用探身已能擦拭外面的玻璃……特有的功能來自其獨特的結構，在大氣固有溫差和壓差的作用下，通過這種結構產生對流。」很奇妙，還取得專利，只是不知功效如何。其實，最簡單的方法不就是設計時多想一想嗎？

健康節能生活，呼吸一口新鮮室內空氣，但新型住宅設計的一些忽略，令這些變成奢侈品。

「媽媽，開開窗，好嗎？」兒子從遊樂場回來，滿頭大汗，向我大叫一聲，把我從沉思中拉回現實。

建築師爸爸媽媽，來為我們的下一代，開開窗吧！

老年咁大

解端泰

2015-06-13 原刊於《信報》

跟兩位朋友 happy hour 飲酒吹水，其中一位是高級結構工程師，另一位是年輕有為的建築師；風花說月，酒過三巡之後，話題又回到工作上去。

工程師朋友 P 說：「我最近有個項目，一部後備發電機，竟然要用上 356×368 毫米的工字鋼做墩子，嚇了我一跳！要知道這尺寸的工字鋼，成層樓都撐得起了！」

建築師朋友 G 說：「對啊！你們可有留意到，香港的商場扶手欄杆都很誇張、很粗大的；還有雨篷結構，簡直是『癡肥』一樣！在香港造結構不用錢的嗎？難明為什麼在香港起樓，結構都要做到『老年咁大』？我女朋友在日本工作，那邊有地震，但結構物的尺寸都沒香港的來得誇張，年前日本 3．11 八級大地震，你們可曾在 YouTube 看到伊東豐雄（Toyo Ito）的仙台多媒體中心，搖晃得多瘋狂？天花吊頂全都塌了，但大廈整體結構卻沒一點損傷，那麼纖幼的鋼柱支撐，仍是很牢固、很穩妥，為什麼日本做得到，香港沒有地震，反而不行？」

P 答：「因為香港受颱風吹襲，所以政府的《風力效應守則》要求十分嚴格，亦極度保守。過去屋宇署基本上接受但凡能符合《守則》要求的結構風架設計，便等同防地震規格達標，雖然兩者受力不一樣，但也考慮了香港發生地震的機會很微，也可以說是照顧了實際的社會資源運用。」

　　P靜了一會，續說：「不過，近年『誓死唔』的官僚心態作祟，有些政府項目開始在雞蛋裡挑骨頭，設計指標中加入防震條款。本來也沒什麼大不了，反正香港的地下鐵也有防震要求，一般都以華南地區例如深圳作為基準，但這玩意近來卻愈玩愈大，有些項目竟要按國家規格之上再由專家論證。所以香港的樓宇，我斗膽說，連唐山大地震也不用怕啊！」

　　說罷，P豪邁地乾了一杯，滿臉通紅，雙目炯炯發光。

　　筆者好奇地問：「工程師不是在追求如何以最少物料，做到最大承托的這種結構『效率美』的嗎？我還記得大學講師是這樣區分建築師與工程師在『美』學態度上的分別？」

　　P慨嘆：「你們有所不知了，造成今天香港建築結構的『癡肥』局面有很多原因。首先，從前沒有軟件程式，所以做結構設計，是真的逐根樑、逐根柱，用人手計算。正因如此，過程中反而發現不少可省的空間，用電腦計算反而不易看到。後來有了軟件程式，依賴電腦便成了習慣，一根簡單不過的樑也要『啪機』（工程界術語）計算。在這種環境下

長大的工程師，現在都是上司級了，他們用同樣的方法教下屬，結果一蟹不如一蟹。」

「再者，香港的業主修改設計改得太多太頻密了，催圖又厲害，傳力轉換又多，根本沒時間認真地去細心覆核計算。很多時，上一版的圖都還未計算好，設計又修改了，所作的計算都要報廢。功夫浪費了是小事，一不留神，一根半枝看漏了眼，設計出了差錯，工程師要一力承擔，責任太大了。倒不如把所有安全系數都預大一點，寧可有殺錯，冇放過，起碼毋須每天為工作膽戰心驚。」P 搖著頭說。

G 點頭笑說：「所以身為建築師看香港的樓宇結構，永遠都覺得『癡肥』得很厲害，每次做設計也要跟你們角力一場，把結構改小，真是浪費所有人的時間精力。」

G 說時帶點激動，嘴角的泡沫橫飛，明顯有點醉意。

「最後，也是最無奈的一點，自己伙計尚且如此，審批的人也是如此！《守則》愈出愈多，要求愈來愈嚴謹誇張，彷彿鋼筋水泥都是毋須用錢買的。總之，『冇人鑊』就是王道，『預大好過預小』就是規矩，安全系數上再多打個保險，你說香港的結構怎麼不會 Over-size 得那麼厲害？工程造價哪有不超標、不爆燈？」

G 呷了一口日本威士忌，打了一個無奈的眼色。

之後大家互望一下，都哈哈捧腹大笑起來，齊聲說了一個非筆墨可以表達的動詞，然後繼續把酒談歡，話題便從老年，轉到老餅、老藕、老闆、老房子、老來退休……

公共空間 同喜同悲

鄭炳鴻

2015-10-10 原刊於《信報》

在不同的解讀中，公共空間的存在總是叫人摸不著頭腦。究竟什麼是公共空間？公共空間是否存在某些共性或特質？其用途或功能是否存在？何謂公共性？跟城市靈魂的建立和重塑可有關係？

這一連串問題若設限於當今香港的城市脈絡中，就顯出其獨特的處境。本是借來的時空，由大不列顛的城市格局開始，遇上不尋常的政治變遷，本是預設為市民集結、遊走的虛白空間，在社會行為各異的交集中，有部分已轉換原意，有部分則經由本土文化重新定義。

在理解何謂香港的公共空間之前，或許可參考最能表示城市公共性的圖像，由羅利（Nolli）於 1748 年繪製的羅馬地面圖（Nolli's Map），該圖的黑色部分代表私人建築物，餘下留白位置則代表公眾可達的城市空間；當中黑白均衡的街道與建築物構成的一片可遊可達，如 John Habraken 所稱的建構田（built field），人在其中，可以相互往來，或速或緩的進行不同的社交活動。

當中最能感動現代人的可說是這些「虛白」，除了廣場、街道等戶外空間，也包含公共建築，如教堂、議會等室內場所。如果我們嘗試神遊其間，便不難想像不論市民或遊人，都可以通過使用及遊走於公共空間而理解城市為一個連續無間的文化載體，當中城市與人無論從空間或時間的向度，均

是相關而互動的，即公共空間是有機地存在，並因人的參與
而成立起來的。

　　若城市是理解為多元人文資源，包括資本、人才和文化
的高度集中，那麼公共空間則是這種集中後的人文特質得以
呈現的表達場所，也可說是表達城市當下「喜、怒、哀、樂」
的舞台；集體情緒既然得以表達而公告天下，這樣城市中多
元而複合的情感組成，也因而同喜同悲。如果公共空間具備
功能的話，這些集體意識的表達應該說是最重要的，當然除
此之外，還有大小不一的作用，如社區活動、鄰里閒聊、節
日祝慶等等。

　　那麼在香港公共空間的情況有何獨特之處？首先，香
港城市有兩個基本特質：高密與垂直。這情況在城市發展歷
史中可說是首次出現，那麼香港公共空間的呈現亦因而衍生
某些突變，其一是公共空間的立體化，其二是其臨時性，其
三是其依附性。因此香港公共空間有別於西方廣場等的特定
場所，最突顯的狀態是在於其偶發而不確定的文化特質，如

街道的使用除了是行人交通的過渡外，更多的是集合共同商業和社區文化，如旺角的波鞋街、已消失的灣仔喜帖街。這些由社區自發而形成的半隱性公共空間，時而開放、時而關閉、時而擴張、時而收藏，與傳統城市專業所理解的公共空間有所不同，它們除了滿足傳統實用功能，如營商、社交外，其特性亦改變了公共空間的定義，同時豐富了城市文化詞彙中公共空間的涵義。

在香港的一些獨例，如中環的輔助步行系統配合原有的樓梯街等，就是以立體化的形式引發沿線的空間開發為公共用途，或留或走的創造出當代的人文風景。此外，如山道的盂蘭節戲棚集會，就顯出本土文化依附於城市夾縫而產生獨特的臨時公共空間，除了延續隱於城市的鄉里傳統外，在空間的想像可說是充滿創意。

誠然，公共空間在香港這個勇於挑戰傳統又具無限創意的城市中，仍然在不斷更新和拓寬城市設計在學術和執業上的未知領域，如以尚未定性的「夏愨村」為例，則在政治與民生的夾縫中，延伸香港「借來時空」的城市靈魂，摸索著公共空間與眾人同喜同悲的道路上走了一步，重新演繹今天市民與公共空間產生互動的可能，並以民間智慧超越專業固有思維而提出城市公共空間本質的疑問。

要長者屋 不要發水

麥喬恩

2016-06-11 原刊於《信報》

　　「不代表我們」的立法會建築、測量及都市規劃界功能組別的謝偉銓議員，最近又有「新搞作」。由謝議員牽頭的「長者適切居所及相關配套研究工作小組」剛於 2016 年 4 月 18 日發布一份建議書，倡議政府、地產商與業界多興建和設計一些「長者適切居所」。

　　這當然是「土地問題」吧！

　　如果大家曾有機會參觀由房協發展的長者房屋（例如北角的雋悅、筲箕灣的樂融軒、將軍澳的樂頤居，以及牛頭角的彩頤居）的話，都會發覺長者房屋與一般住宅其實分別不大；最主要的分別是，空間闊落一點、多了一些安樂鐘和感應器等安全設備。其實，要設計適合長者或行動不便人士居住的房屋，難度不高，為何香港時至今日仍未出現由私人地產商發展的大型長者房屋樓盤呢？

　　正如剛才提及，長者屋的其中一個重要元素就是空間要比「正常」住宅闊落，以便輪椅出入，它的面積亦因而比「正常」住宅大。這正正與今時今日香港地產商全力生產豪宅房的「大路向」背道而馳；也令沒有好好善用現有土地資源的香港政府難以達到「重量不重質」的建屋目標（地盤可建建築面積不變，單位大了，數量自然減少）。

香港普遍的住宅（無論新舊）基本上都沒有考慮長者或行動不便的人的使用需要——廁所也好、睡房也好、廳也好，全部都是僅僅能放得下必須放的家具後，便告「塔塔」。畫則時，房間或廁所畫多兩吋也分分鐘會被人罵，問你放完家俬後剩下的兩吋位置要來做什麼！

　　好了，現在發現有人口老化問題了，才驚覺自己的居所或市面的住宅單位都不適合長者或行動不便的人居住。難道要香港的長者都被迫入住老人院？香港又何來那麼多老人院舍床位？

　　筆者因同住的長者中風而行動不便，才驚覺居所的房門連高背輪椅也過不了，要把它推進浴室更是異想天開，最後只好把老人家送到護老院，因此感受至深。

　　鼓勵政府、地產商與業界多興建及設計「長者適切居所」，絕對是應做和必須盡快做的事情，筆者理應舉腳支持謝議員今次這份建議書，奈何建議書中卻建議政府豁免因應「長者適切居所」設計而須增加的樓面面積，即變相助長地產商「發水」。筆者只感荒謬！

　　按現行的建築規範，住宅樓宇的公共空間本應已須按屋宇署發出的《設計手冊：暢通無阻的通道2008》來設計，輪椅出入新建住宅樓宇本應已沒有困難；而按照有關設計手冊設計樓宇所需佔用的建築面積，從來都不能在建築面積計算中獲豁免。

　　若談到私人住宅室內部分，香港則比大陸落後，完全沒有居住空間的最低尺寸要求。要滿足「長者適切居所」設計的話，的確往往要佔用多一點樓面面積（其實也不一定），但是那些增加的面積都是「真的」實用面積，地產商是每呎每吋地賣給小業主的，為何要免費送給地產商？

香港人口急劇老化，長者住屋供不應求，大有市場，何需政府慷買樓人士之慨，貼錢給地產商作為鼓勵他發展長者住屋的誘因？政府應盡快落實強制執行「長者適切居所」的設計要求，讓香港人可安心安老。

　　政府亦應回應社會的聲音，積極考慮取消陽台及工作平台的面積豁免。試想想，那些計算為實用面積的廢陽台和廢工作平台的面積若能放回室內，增大浴室及房間以方便長者使用，「長者適切居所」的設計要求基本上已滿足了一半了！

　　最後，筆者想指出，政府一貫的高地價政策已令私人住宅的成本價變得極高，直接推高樓價，令香港人能夠負擔的住宅單位的面積變得愈來愈小。政府多年來送給地產商的「發水」亦令小業主要自掏腰包「搭單」買幾十呎無用的實用面積。「發水」是令香港人住得愈來愈差的主要原因之一。

　　筆者很感激謝議員為推動香港長者住屋出了一份力，但請謝議員不要代表「建築師」或其他專業，輕言建議增加香港樓宇的「發水」！

建築物條例的公理性與數據性

梁以華

2014-08-28 原刊於《信報》

　　1924 年，英國有一宗著名案例，主審的首席大法官霍華德勳爵曾說出一段法律名言：「不但要秉行公義，還要使其有目共睹。」廣義來說，法例的最終目的不是賞罰個人，而是構建守法和公義的社會，因此無論規條寫得多麼巧妙、多麼繁瑣，運用得多麼出神入化，最終還須具備一些簡明合理的原則，令市民只憑常理已可認同什麼情況應賞、什麼情況應罰，從而令社會整體自覺地守法，這才算是成功的法例。有關管制香港建築物的法規也不例外。

　　隨著香港的發展進步，都市規劃和建設的複雜性與日俱增，以往簡明的建築物條例似乎不敷應用。此外，市民對生活環境質素的認知進步、對權責的自覺性提高，因此以規條形式提升香港建築物的安全、衛生、保育、環保、暢達可行、都市設計等標準的方向，均是合理而必須的。

　　不過，條例複雜化與整體改進香港建築質素沒有必然的關係。我們歡迎政府與有財有力的發展商主動迎合更為進步的標準，不過，如果條例未能容許業主積極跟隨，或是條例只會引領業界趨向莫名其妙的設計，那麼無論這些新條例達到什麼世界級準則，或是催生多少傑出的建築，也不能有效改進這個城市的建築環境。

　　又或，如果條例只為「應付」三兩級石級而強行破壞重要的歷史建築組件，相信坐輪椅的市民也不會認同；如果

條例要求三層唐樓改善消防設施時，業主必須聘請專家撰寫有如設計機場防火安全工程、分析煙火走勢、研究逃走的報告，相信願意改善樓宇消防安全的業主必然卻步；如果條例容許達到環保分數的樓宇可以額外加建樓面，變相增加地盤總密度，相信大多數市民也難以理解這些法例會令環境變好，還是變差；如果條例鼓勵樓宇盡量掘深地庫，或是引導建築商採購廣東省的物料而不利自由選擇效能更高的國外國內產品，或是把臨街鋪面後退而影響街坊商貿運作，相信任憑箇中的環保數據如何亮麗，也難令市民信服這些「道理」。

其實，絕大部分港人居於舊樓而非新型豪宅，街區或市鎮未來的可持續發展路向，在於務實地引導社會逐步改善舊樓標準和舊區生態，而非單一計劃完美的消防、保育和環保法例。

若要整體提升港人居所的安全，可以在現有的建築物條例明確容許小型改建工程，毋須強求小業主遵守全部標準，以換取舊樓他們通過裝修、自願拆除僭建來改善安全。

若要整體保育私人擁有的歷史建築，除了像現行規條建議業主聘用工程師為歷史建築的走火和結構作出深度的數據研究外，其實可以為一些典型的歷史建築列出簡易、小型、可預先批核的標準改善方案，例如容許在三數級的歷史石級上，放置比新建築所需的斜度稍大的小斜台，以符合無障礙條例；又例如容許小面積的、向街的、矮小的歷史唐樓，在實施人流管制而保證保存歷史元素的條件下，毋須提交冗長的分析研究，可以通過小型消防設備改善，合法地開辦小型食肆或商店，以市場力量保育小型歷史建築。

　　若要推動港人在建築層面上加強環保，單以一些金獎銀獎吸引大機構和大商家並不足夠，現時的《可持續建築設計指引》似乎過分著重單一工程項目能夠達到的效益，以及通過額外樓面面積鼓勵大型發展，似已忘記當初鼓勵全民環保的理念。

　　其實，建築物條例可以考慮豁免大廈加建廢物回收房、容許小業主加設小型窗篷、容許個別業主為外牆或窗口加設保溫抗熱設備的樓面面積，以便逐步驅動市區舊樓通過正常翻新的周期，從而改進環保。

　　誠然，推動本地樹立國際級的保育、防火或環保的榜樣是值得支持的。現時業界的一些做法，如設立專業獎項或宣揚社會效益等，均有助這方面的發展。但一旦演化為法律，就必須顧及公眾平等的原則和廣泛參與的公理。

　　無論保育、防火或環保的建築規條，均須讓公眾一目了然施行的手法和達到公眾利益的理據；亦須建簡易的平台，讓小業主或用家能夠運用條例中某些簡易的規條，為構建保育、防火或環保盡一份綿力，方才是讓「公義有目共睹」，長遠地建立公平、合理、自覺和守法的社會。

建築條例第 23 條的限制

陳頌義

2017-02-11 原刊於《信報》

　　跟別人談到自己是建築師時，往往引來艷羨目光。在電影和電視的世界裡，建築師大都被塑造成有創意、有品味、滿有藝術細胞的人。難道不是嗎？古時候，建築師也是藝術家，米高安哲羅便是一例。

　　每次參加建築學生畢業的年度展覽，總會為他們的創意而鼓舞。回想自己讀書的時候，一班同學為了自己的建築設計而廢寢忘餐，通宵達旦，為的只是完成一個能令自己滿意和自豪的建築方案；但回到現實世界，似乎建築學生的創意還要比真實的建築師旺盛。

並非建築師缺乏創意

　　許多時候，在香港，這座建築物與那座建築物的設計，尤其是空間，沒有多大分別，就算是外形用料有所不同，都只是換湯不換藥。

　　面對貧乏的建築空間，每個週末會為了往哪裡去而苦惱，建築空間如是，城市空間也如是。

　　單一的建築空間，並非建築師缺乏創意。難道昨天的米高安哲羅，今天忽然受到重擊，成為旺角、新界米高安哲羅？在我看來，有相當原因是為條例所限而造成的。

試舉例並說明之。建築物的體積、空間的大小,是受建築(規劃)規例監管,根據地盤類型及大小規定,去釐定一幢建築物准許的地積比率(permitted plot ratio),並准許上蓋面積(permitted site coverage)。

不難想像,在地小人多、地價昂貴的香港,盡做樓面面積是一個建築師的最低要求,否則少了 10 呎價值 30 萬元的面積,誰能擔當得起?《建築物(規劃)條例》第 23 條訂明,建築物的總樓面面積為每層樓面水平量度所得外牆以內的面積,任何在這個面積內的部分即使不鋪設樓板,其面積也須計算入地積比率之內,只有某些建築物內的中空(voids)可以獲得酌情豁免,豁免這些中空部分的面積,亦有一定的上限。

至於每層的樓高方面,雖然條例並沒有明確訂明,但每層的樓高會因應其用途而有一定的上限,例如商場為 5 米、辦公室為 4.5 米。這些條例的目的就是希望控制建築物的體積(building bulk)不至過大。

想法受條例規限

在這樣的規定下,可想而知,空間的大小不會有太大的變化。假若你因應實際需要或空間的美感而建造一個高於 5 米的商場樓層,你需有酌情豁免,否則一層的樓面面積會被計算兩次;而獲豁免的機會,因應不同情況而異,但機會往往不大。

試想想,假若控制建築體積是一個重要考慮,為什麼兩層 5 米高的樓層可獲批准,而一層 6 米與一層 4 米高的樓層,有著相同的體積,卻又不能?為什麼我們不能減低部分空間,以換取一些較大、較高的空間去享受?

另一些論據指出，過高的空間會容易僭建。但我想這是執法問題，斷不能一人犯罪，人人受苦。以上是其中一個範例，當然還有其他。

　　讀建築的時候，常常強調，建築是空間。不同空間的大與小、空間形態、固體與中空（solid and void）的交錯才能製造出讓人感動的空間和建築。能夠讓我們設計出更有心思和彈性的建築物，是政府及整個社會應該細思的問題。

中港不同社會制度 不同建築本質

鄭仲良

2019-12-28 原刊於《信報》

　　筆者因工作和專業交流活動的關係經常往返內地，眼看國內城市的快速發展，對比香港近年發展的遲緩，形成強列對比，身為香港建設專業人士，感覺也不太好受。香港成熟的制度一直是國內參考的對象，很多國內成功的項目案例和基建開發案例，不少都有點香港模式的影子。

　　從表面看，有些青出於藍的味道。事實上，國內實行社會主義為基礎的制度跟香港的純市場經濟，得出來的差異影響了一個城市／地區的發展。這是一門既專業又是社會科學的議題，筆者藉此機會分享個人的觀察，希望讀者以一個平常心理解。

觀察一：香港小政府和國內大政府

　　香港小政府長期的少干預政策，讓專業人士有較大的自由度發揮，令城市有大大小小的專業事務所，不會和不能依賴政府的幫助，而是各自尋找自己的營運模式和創作方針。小政府依靠行業上很多不同形式的顧問、工作小組、社會公職人士等安排，把意見交予政府統籌發表，例如不同層次的市區郊區的規劃工作。這跟國內大部分工作由政府內部組織發出來的方式很不同，內地政府力量很大，發出來的文件例如規劃性文件或法例等，基本上就是定局。

反觀香港每件事情都有機會受到挑戰，令法例難以通過，例如香港的《建築物條例》是上世紀 60 年代的產物，這些年來主要是小修小補，以及政府由不用改例的情況下，發出一些作業守則和作業備考方式。這種情況，本地業界時常批評政府做事不積極、欠缺遠見、太被動。一些對城市發展有利的事情，內地政府比較容易推動，在香港就變得很難、很慢。

觀察二：專業自主跟綜合思維

香港一直崇尚西方的獨立和個人主義，當這方面反映在專業操作時，就成為各方專業人士一直提倡的專業自主，強調不受政府意見影響。而甲專業和乙專業等也通常為一些專業或社會議題各自表述，互不從屬。

這方面有利於產生一些有特色的設計師或設計公司，同時也容易細分出形形色色的新專業和工程顧問。弱點就是如果專業分得太散，做項目時不同專業之間就容易發生工作不協調的情況。項目愈複雜愈多分工，可能出現問題的機會會愈大。

反觀國內普遍強調集體思維，當一個項目立項後，政府機關、甲方、設計院等大致上都有比較一致的思維，例子是設計院很多時會包辦建築、結構、機電等工作，有別於香港為每一種專業服務安排不同設計公司的做法。內地政府很重視思維的一致性和綜合性，缺點是過程中可能會錯過一些值得花時間處理的事情。另一方面，主張專業自主的個人和團體較容易直接與外間／外部機構接觸，推廣和發揮專業才能的機會比較多。

香港標榜市場經濟，經濟外向，所有項目尤其是房地產型項目，都是以評估市場需求定出供應量和設計方向等主要參數。由於香港房地產價格很高，機構承擔不起市場不會接受的產品，很少會採納稀有的概念，使本地的住宅項目功能和外觀上大多都差不多，局限了建築師的創意。

觀察三：市場經濟的深度

另一邊廂，國內奉行特色社會主義，在不違背國家整體制度下，有不少地方採用市場經濟運行的模式。在這種有條件的市場經濟下的房地產產品，有不少是仿效自香港的模式，有些項目甚至比香港的更前衛更豪華。然而，由於市場經濟模式是國家給予的，亦即「由上而下」，這令國內很多城市都一樣，為了跟從國家發展而走同一個方向、同一種規劃，以致同一類設計，創意也同樣受到限制。筆者認為，國內既然本調是社會主義，加上幅員廣大，房屋的供應方向和設計方針應更關注地域性和風土人情，留給設計師多些自由度。

香港因殖民地歷史遺留下來的西方色彩，到現在仍然有很大的主導性，大市場小政府的自由經濟方針實行得很極端。同一時間，內地的特色社會制度通過種種由上而下的規劃法規，令國內城市經歷了一段盲目和重複的急速發展。

未來，當發展成熟後，筆者相信國家自當放慢腳步，認真思考每個城市的屬性和需要什麼樣的房屋和基建，繼而走出自己的道路來。終歸，建築是人類生活文化的載體，每個地方須通過協調發揮得更好，和而不同，造福百姓。

建構・永續

作為建築師，我們都堅信在設計城市和建築的過程，我們不單單只是令到人和自然共存，而是應該要達到協同效應，令到環境和人的生活會更加好。

可持續建築設計其實不單只是一些設備上面的增加，一些數據上面的追求，甚至只是一些評級上的標誌，這些都只不過是一些輔助工具，幫助我們的建築設計達到人和自然以及環境共存，工具不應該變成目的。希望建築師們能夠繼續我們的初心，繼續擴展環保綠色建築和可持續發展裏，真正發揮出我們的專業和所長！

何文堯

隨著人類活動越來越城市化，為了我們的後代可以居住在更好的環境中，可持續發展是必要的行動方針。近年來，建築師越來越意識到環境保護問題，並為我們的建築環境做出了積極貢獻，這些都通過這裡展示的文章和思想得到啟示。我們希望香港的建築師能繼續引領和展示我們的意願，為我們的未來創造積極和可持續的建築環境。

雷卓浩

剛閉幕的格拉斯哥氣候協議，燃煤時代走向終結。但距離舒緩氣候變化，仍有大距離。智能科技，電子化及大數據等，又能否對減碳有大幫助？或許冠狀病毒的出現，大家可反思生活模式，是否在大城市才可以有安穩的工作及生活？城鄉之間隨着不同因素可以有更合適的互動發展及生存空間，生物生態可以更平衡，從而減少對地球的破壞！

楊燕玲

這個城市發高燒

梁文傑

2015-12-12 原刊於《信報》

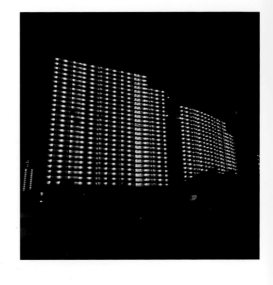

　　過去兩週的巴黎氣候峰會成為熱話,全球關注溫室氣體排放,期望繼 20 多年前的《京都協議書》後,各國能達成控制全球升溫在攝氏 2 度之內的具體共識和協議。其實,在關注全球性大氣候的同時,大家有否留意一些更切身的「微氣候」變化呢?「微氣候」是指在一個特定範圍內與大氣候環境有異的現象。城市氣候正是跟城市人有著切身關係的「微氣候」——在下午氣溫最高的時候,市內往往比郊外更熱。

　　據天文台資料,香港的城市氣溫多年持續上升,一半「歸功」於全球暖化;另一半跟急速、持續、高密度的城市發展有關。假如全球平均升溫能控制在攝氏 2 至 3 度之內,按照過往趨勢,加上城市高密度因素,市內最終會升溫攝氏 4 至 6 度嗎?

能源貧窮　值得關注

　　值得注意的是,如果平均升溫攝氏 4 度的話,夏季下午最高溫度的升幅將會更大。事實上,今年 8 月,天文台已錄得史上最高市區氣溫高達 36.3 度。天文台估計,最快到 2020 年,香港可能再沒冬季;而全年熱夜(最低溫度 28 度或以上)的天數,會由 1980 至 99 年的平均 15 晚,增至 54 晚。

城市面貌悄悄地隨著城市氣候而改變。城市走向高密度，如果繼續只按經濟為先的思維發展，將形成更多、更深的「城市峽谷」——街道給又高又長的樓宇圍繞，多見石屎少見天，陽光有入無出，熱量無從散去；窄街容不下樹木，失去遮陰降溫效果，城市峽谷愈高愈無風，氣溫拾級而上；晚上開窗納涼的日子不復見，對流通風的建築設計被認為不切實際，全然依賴空調的密閉空間變成主流；室外溫度節節上升，戶外廣場水靜鵝飛，商場內卻車水馬龍；由於冷氣要「勁凍」，系統便須加大，加劇廢熱排放，於是深化升溫的惡性循環，練就一個又一個的城市熱島。

以上惡果與民生息息相關。早年環保署與理工大學的研究已提出警告，城市氣溫每上升一度，整體能源消費便會增加約 20 億元。此外，城市人大約九成時間留在室內，如果室內長期保持密閉，會容易染上病態建築症候群（Sick Building Syndrome）。可記得上次辦公樓或家居全面清洗通風管道的日子？部分通風管道只能有限度以藥水清洗，效用有多大？

有人以為，升溫幾度是小意思，只要多些機電配置、多加注意通風管維修，就是多用一點能源，也沒什麼大不了，能與其他民生議題相提並論嗎？可是有否想過低收入弱勢社群的境況？「能源貧窮」已是近年多國政府的關注重點，世界綠色組織的研究指出，香港有超過 14 萬住戶須以收入一成或以上支付能源開支；對某些家庭而言，縱然夏天一年比一年熱，冷氣依然是奢侈品。長期在室溫偏高的地方生活，除了生產力下降，健康也有影響。

多年來，香港曾先後推行多項措施應對熱島效應，如空氣流通評估，以改善社區或大型發展通風規劃；可持續建築設計指引，以鼓勵建築提升透風度；當毗鄰窄街時便向後退

入，並增加綠化覆蓋；啟德發展區的區域供冷，亦將減少該區街道環境的廢熱排放。

可惜以上的措施比較適合大型的新區發展，如個別市區重建項目規模較小，便毋須作空氣流通評估；如果場地限制較大，不能滿足可持續建築設計指引的要求時，有不少例子乾脆不求豁免環保設施或非必要機房的樓面面積，引致緩解熱島效應的建築設計也難發揮。

建築硬件　根本之道

如何引發城市綠色改造，紓緩熱島效應？從建築硬件著眼是根本之道，但面對高密度發展需要，如果規劃限制樓宇高度，又如何增加建築透風度或作臨街退入？多得「樓盤發水」報道，建築體量（building bulk）近年好像變得十惡不赦，但不少科研報告指出，以同一體量比較，垂直發展比橫向城市延伸省用資源；錯落高低樓宇之間的通風環境比樓高齊葺葺好；如何布置建築體量比其整體大小更重要，因此如果基礎設施足夠，經空氣流通評估證明可行，沿集體運輸樞紐放寬地積比限制，又有何不可？既增通達、降能耗，又控熱島效應，一舉三得。

此外，不少同業認同可持續建築設計指引的基本原則，但具體要求有待優化簡化，以及在未能符合指引規範時，容許考慮更能紓緩熱島效應的其他設計方案。規劃方面，可研究如何配合每區的政府、機構或社區用地，考慮融合社區供冷，與周邊合適的樓宇發揮協同效應，提升系統效率，改善廢熱排放。

下一代生活的這個星球

何文堯

2016-07-16 原刊於《信報》

上週本欄闡述「低碳措施」（Mitigation-Low Carbon）和「被動性的設計」（Passive Design）的一些初步研判。而議題是「綠化天台須知」的環保建築專業議會所舉辦一個跨專業的講座，也於 9 日成功舉行，達到預期的目標。

7 月 12 日亦參與政府舉辦的「氣候變化持份者參與論壇」，當天所見，參加的朋友非常熱烈，除了見到很多建築師朋友外，論壇中，官方代表由政務司司長帶領下，差不多大部分的局長也有出席，就連保安局局長亦坐足全場，完場後與建築師學會會長和我一起離場時，亦短暫談論了一下保安部門和氣候變化的關係。

論壇由林鄭月娥和黃錦星（恕我冒昧不尊稱司長、局長等而採用一直以來的稱呼）闡述出政府的政策方向、路線圖和時間表，再由 12 組不同界別的人士介紹各自的願景與行動，當中包括衣、食、運動盛事、綠色政府建築、城市排水泄洪、天文預測與節能、節約用水、城市宜居性與地方生態（植樹有方）、公共交通（特別借用中環半山行人系統）、教育、綠色金融、創新科技等各方面的專家，每一個組合在其專業和範圍都做出不同程度的成績，當中最發人深省的是創新科技如何改變人的行為從而節能。記憶裡的小時候，行為節能，因為要節省家庭開銷，是母親大人每天在教導我們的。

誠如林鄭在總結發言中所述，這 12 組的介紹，能夠開放予傳媒報道，一定能夠幫助公眾更好了解政府和各個界別這個議題上的努力，但在專業角度上，這些都只是初階，坐在我身邊的形容為「小學雞」；我的看法是，確實欠缺深入一點的探討，更加未能綜合和強化 12 組議題之間的協同效應，例如如何結合城市宜居性與地方生態、公共交通（特別行人系統）、城市排水泄洪、天文預測與節能、綠色環保建築等在香港建立一個典範新型應對氣候變化的社區，這才是很多專業人士期待這次論壇中聽到的。雖然我明白政府面對的困難，但這仍然是刻不容緩的。

同時在這一個星期內，建築師學會氣候變化與城市和建築設計的專責小組，繼續整理建築師的建議書的工作，探討的議題有「如何推動低碳設計與營造」、「社區／區域性設定碳排放標準」，令各個社區／區域因應各自的強項去補償弱項的不足；「公」與「私」空間的碳排放政策；「區域性製冷系統」如何能夠在新和舊市區推行；「區域性的綠化地帶」能否推行？如何更好用「設計」令老弱傷殘的弱勢社群更好地受到照顧？政策和稅務又能否鼓勵低碳城市和建築的設計和研究？各個政府部門和私營企業在這方面的知識、技術、資訊和成果能不能更公開透明和有效地在一個政府統籌的平台讓人分享？

除了上述問題外，另一個具爭議性的議題是，應否繼續以「豁免地積比率」作為鼓勵環保建築設計？林鄭在「氣候變化持份者參與論壇」的總結發言中表明，強勢領導、政策上的鼓勵措施和合適的工具是環保城市和建築在香港能夠成功推行的三大元素，但我們的小組卻對今天仍然以「豁免地積比率」作為鼓勵獎賞環保建築設計的想法抱著強烈懷疑。

在過往的很多事件中，建築師一直都扮演推動者和先行

者的角色，包括在城市保育、環保建築、綠化環境、維多利亞港海濱、公眾參與等，這次因應氣候變化的社會、城市和建築的應對，我們是一如以往的走在前面，不是為了私利，而是建築教育早在大學期間已經種下在每一個建築師的靈魂深處。

　　執筆時，筆者身在新加坡。26 年前因公事來過之後，一直看著這個國家在城市、環保和建築上不斷努力和改進，心裡實在多了一份唏噓，我們的香港卻是在過去的 20 年一直糾纏在爭議中，城市和建築的進步，實在乏善足陳。

　　同時執筆的這一天，是女兒的 8 歲生日，我這個超齡父親，實在亦非常擔憂她長大以後會生活在一個怎樣的地球、一個怎樣的香港。這份憂心一天比一天沉重，我相信這也是其他父母的憂慮，但願我們現正努力還來得及。

白做園記 枯土再生

鄭炳鴻

2016-03-14 原刊於《信報》

　　農曆年正月初六,與北京藝術家宋冬先生在北角油街的「白做園」上,一同拾起種子,往空中撒去,祈求落在泥土上,藉春風化雨,讓大地再生。本是農村傳統,在立春時分覆土復耕,但種子落在城市中的混凝土上,叫人「不做白不做,做了也白做」。不禁令人反思,我們是否也正如這句說話一樣,在做著白做的事和物呢?藝術家卻叮囑我們「白做也得做」。

　　這種無可奈何的虛無感正泛淹著我城的日常生活,或許我們不斷努力建設的城市,正漸漸成為失去意義的枯土,即使種子撒落地上,也難遇生機,何況開花結果。那麼我們一直嚮往高樓聳立、萬家燈火的繁華景象豈非海市蜃樓,南柯一夢嗎?那究竟我們的城市是為了市民而建設抑或為了「發展」而白做一場呢?

　　在當下反思我城盲目追求發展時,我們正不斷扔棄昔日平凡而富人情味的土壤。城市建築只是由工廠生產而非從地而生,在發展、發展、再發展的進程中,青年住房卻在不斷萎縮,長者空間更是僧多粥少,鄰里關懷還是買少見少,青山綠水唯獨價高者得,那麼我們的發展是為誰而做,我們的社會又是否掛「發展」之名而不斷蠶食我們應有的生活空間呢?

　　在香港高度壓縮的城市環境中,要尋回我們所失去的人文土壤,要是時光倒流或另創新天呢?當我們經常掛在口邊

的「可持續發展」，像要救贖我們以往的缺失，可是在香港的現實中只是自我感覺良好的念詞，而非真正著益人群的在地實踐時，這種發展非但不能持續，更會進一步剝削市民的生活質素。

究其原因，是我們仍然擺脫不了以經濟為本的思維，在不經意間把可持續概念中的經濟可行性覆蓋了社會公平原則，又或是以環境技術壓倒了人文意象。這些本末倒置的錯配，把發展中所追求的質量改善量化為資本回報的多寡，亦即犧牲了人性中對社區交往的需求而代之以經濟效益。

縱然我們難以要求私人發展項目能承擔多少社會責任，但反觀一些本著改善社區為名的半公營（quasi-official）發展機構，如港鐵、市建局和領展等，在回應社區訴求和創造多元的人文環境方面，卻是乏善可陳。那我們所願見的小康社會、共融社區又豈不是空中樓閣，只可夢中相見嗎？

若然人文土壤的流失源於社區的隔閡和城市建設過於地產主導，那麼「同理城市」（E-pathy City）的倡導正是希望在這種枯竭了的城市肌理中尋找一種「依念同理」，重新發掘香港社區在共通往還的交往中，藉多元的藝術、建築的介入，以復甦昏睡中的城市靈魂。

這樣以隔代互傳、長幼共融的行動，通過「油街實現」的場景，正恰巧投射出我們久違了的人情角度，讓這些微弱的「同理」種子，隨風散落在城市中不著跡的角落，重新滋養隱藏的人文本性，好喚醒香港市民不要為地產發展而奔波，「白做」一場。

因此，若以社區營造為出發點，讓不同的社區重新認識自身的獨特性，從而發現新的價值。當社區在有意識的重新組織起來，一些社會資本（social capital）便會漸漸凝聚；

如上一代經常提及的「左鄰右里」在我們的城市空間中，因過往建築和城市設計側重功能效益而消失無蹤，很多往昔生活上的自然交流，則代之以金錢而換取，所以若能顛覆這種寸金尺土的價值觀念而重現社區價值為本的發展模式，相信我們可以更能強化內在經濟活力，更可修繕人際間的互信，並可創造出多元生動的本土文化，而不必過分依賴外在經濟支撐。

誠然，以上所云，皆是理想國度，但這正是我們所說的可持續發展。若能把人文歸回原點，並重新調整一些半公營發展機構的方針和手段，相信這份「依念同理」的理想城市將離我們不遠矣。

重塑自然、建築與人的關係

郭永禧

2018-07-14 原刊於《信報》

　　2018 年 6 月 18 日，7 時 58 分，黎克特制 5.9 級。

　　當天筆者一覺醒來，駭然看到以上剛剛過去發生大阪大地震的新聞條目，其後看到關於「光之教堂」（Church of Light）損毀的報道和相關影片，心裡不禁擔心起來。需知道，位處大阪府茨木市北春日丘的「光之教堂」乃經典建築物，由 1995 年普立茲克建築獎（Pritzker Architecture Prize）得主安藤忠雄（Tadao Ando）所創作，是不少建築愛好者必到的「打卡」景點。幸好據報「光之教堂」只是部份玻璃破裂，受到輕微傷害，但仍需要至少兩個星期才能重新開放。安藤的代表作經歷這次地震，不期然令人聯想起 13 年前同樣在大阪發生的那場地震，而從那次地震後，安藤的建築理念和他所宣揚的信念更為人所稱頌。

　　1995 年 1 月 17 日，5 時 46 分，黎克特制 7.3 級。

　　阪神大地震發生於 1995 年 1 月 17 日清晨，強度達黎克特制 7.3 級，該次地震震央在淡路島北部的明石海峽海域。主要受災範圍是兵庫縣的神戶市和淡路島，地震造成近六千五百人死亡，超過四萬人受傷和近三十一萬人流離失所。由於當時日本學者認為關西不會發生大地震，因此當地欠缺足夠的防災及救災措施，結果地震發生後，不少行車天橋倒塌，隧道嚴重受損。災區一帶密集的木屋因地震後的煤

氣洩漏釀成大火。

安藤正是出身於兵庫縣,阪神大地震後,安藤全副心機放在故鄉的重建上,他重新反思作為建築師的社會責任,並將其理念貫徹於「淡路夢舞台」與「兵庫縣立美術館」兩件作品中。筆者也曾經到訪這兩座建築,置身其中,茫茫花海,仰望穹蒼,作品雖簡潔,但力量強大,令人感到震撼。除了那清水混凝土的運用,安藤建築的過程和創作理念實有不少之處值得我們借鏡和反思。

安藤的其中一個建築理念是「建築必須融於自然環境」,筆者認為「淡路夢舞台」最能夠代表這個理念。淡路島是阪神大地震的震源所在,1998 年政府當時委託安藤為此地設計飯店、植物園與國際會議館。安藤提出另類計劃,就是先種樹,然後再蓋建築。安藤在這 100 萬平方平的荒地上種植樹苗,一年後在已形成的小樹林裡建造建築,打破了「先建築、後種樹」的慣例。

除了「淡路夢舞台」,「兵庫縣立美術館」也是安藤紀念阪神大地震的另一傑作。該館佔地 2 萬 6 千平方平,是日本最大的美術館。安藤的構思是不只設計一個美術館,而是要一併規劃從美術館到海邊的開放空間。開放空間包括一個可以成為避難場所的水景公園、與大海相連的廣場和戶外劇場等。安藤深信館外大自然與館內藝術品同樣珍貴,因而他設計了一個向自然「朝聖」的空間供參觀者誠心欣賞。參觀者從地下沿螺旋狀階梯往上走,終點可望見青山與大海,在清水混凝土的空間配合下,散發一種安祥寧靜的氣氛,默默地感受大自然和建築的相融。

除了建築設計外,安藤組織了一個名為「兵庫綠色帶」的團隊,收集了廿五萬株的植物苗,在重建的阪神地區栽

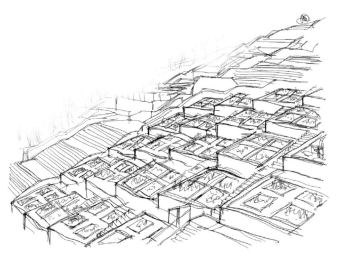

筆者繪畫由安藤忠雄設計的淡路夢舞台（百段苑）。

種。安藤別出心裁地要求當中要有約一半是會開白花的喬木，希望人們在初春白花綻放時能記得地震對人類和家園所造成的傷害以及作出思念。

在香港的建築發展中，能保育樹木已是萬幸了，更遑論要大規模種樹。安藤對「種樹」有如此見解：「在培育樹木的過程中，參與植樹的人們也感到建設城市的責任與自豪感。」他指出建築師應該提供市民參與建造城市的機會，而「種樹」便是市民可以參與的建設，雖曾遭政府多次拒絕，但在安藤堅持下最後得到成果。在安藤眼中，樹可以被視為精神性的自然建築，將城市變成人文關懷的城市。

回看安藤的建築理念，令筆者重拾昔日在大阪的安藤建築朝聖之旅所得的感動。勿忘初衷，建築不只是建設，應藉由景觀的力量，與環境的融合，重現人與自然相處的應有態

度，是建築師的社會責任，也是建築師對自身定位的重新反思。

我們身處這個煩擾的社會，紛爭頻繁的年代。青年人彷彿失去希望，人與人之間的關係更是冷漠。我們香港建築師又可否重新想像，借鑒安藤的理念和不屈不撓的堅持，由下而上建造我們的社區以至都市更新。

最後，筆者懇切相信建築是用來解決問題，並不只是單純的美學，建築背後應包含更大的願景，承擔更多責任，扮演更多的角色，盼望香港能有更多美麗的建築空間和風景配合，能與心靈產生連結，在心中形成支持的力量，帶來更多的希望。

鄉郊就是未來

楊燕玲

2020-05-25 原刊於《信報》

　　荷蘭著名建築師 Rem Koolhaas 正在紐約古根漢博物館展出為期半年的大型建築展覽，及同期出版書籍，主題為「鄉郊，未來（Countryside, The Future）」，他帶領 4 間分布各大洲的著名大學建築系學生，共同探討如何透過鄉郊發展，拯救地球！

　　根據 Rem 建築師表示，這個課題研究，應該在 20 年前開始。地球被破壞的速度實在太快，他和他的團隊著重探討非城市用地，亦即佔地球面積 98% 的鄉郊地方的土地運用及發展。換句話說，城市佔全球總面積的 2%，但至今已約有 50% 的人口居於城市！

　　大家不妨看看以下的資料：從第一次工業革命約 1760 年至今工業革命 4.0 的約 260 年，產品的生產及製造方式逐漸機械化，以至現今以智能設備及自動化取替人為操作；人口在這些年間由 10 億激增至現時 80 億。的確，地球只得一個！假如以生態足跡（ecological footprint）計算，現時地球能否負荷 80 億人所需的資源？

善用及減用可再生資源

　　據估計，現時地球要花一年半的時間才能重新生產人類一年所用掉的可再生資源，也就是說，人類目前每年消耗 1.5 個地球的生態資源。而根據聯合國的估算，到了 2050 年人口是 97 億，而估計有 70% 的人口居於城市，情況比現今更

為嚴重！人類可能每年消耗更多的生態資源，最終可能不勝負荷！

我們應如何善用及減用可再生資源？

工業革命之後的不斷演變，引致不但過量使用石化燃料，破壞大氣層；人口大量由農村向城市遷移以尋求更佳工作回報，以致荒廢鄉郊。地球生態失衡，以致氣候變化，秩序大亂，糧食失收。

研究團隊探討鄉郊的歷史，以至各國現時應對的方法作比較。例如中國的鄉村發展，分四個主要部分展示：包括「集體經濟」、「文化旅遊產業的田園綜合體」、「農村電子商務」、「高科技農業」，亦將中國、歐洲及美國農村的發展進行數據比較。

研究團隊是將問題及現況發掘，提綱挈領，展示給大眾。這已是一個非常好的警號。

對建築師來說，中國對鄉郊發展的四大模式，以文化旅遊產業的田園綜合體最有關連。田園綜合體基本上從鄉村地理風貌，生態環境保育，農特產經濟，藝術文化，傳統建築等重新整合以配合現代化，及低碳綠色元素；以達致生態平衡保持生物多樣性，宏觀整體村落及鄉郊規劃發展以達致綜合體理念！

基本上，田園綜合體令農耕文化復興，推動新的農村生活、配合現代化治理方式，改良人居環境，更著眼經濟成效，成新的發展模式。

中國自 2017 年對田園綜合體加以肯定，並在政策上支持，因有具體的發展措施及政策，發展非常迅速。這種鄉郊發展模式是正面的，能夠得到政策及資金上的支持，推動成效更大！

在歐洲，環保生態村（Eco village）在鄉郊正開始不斷發展；生態村以各自耕種，食物自給自足為理念，配合環保設計，以達至低碳社區。這些大多是由志同道合者倡議及共同合組而成。

近年，環保生態村亦有不同發展，有機構以科技配合智能裝置，以達致種植多產，自給自足的先進再生環境村（Regen villages），成另一地產及管理經營模式項目。特色是接受捐獻繼續向智能科技研發以達致更環保的再生村落。

港村落可實踐環保社區

另一發展是較理論化和理想化的 transition town「過渡城鎮」，目的是提倡在鄉郊村落以農耕自給自足，以可再生能源達至能源亦自給自足，廢物循環再用，廚餘再利用成為

1 荔枝窩新稻田。照片由筆者提供。

2 沙頭角梅子林客家村落。照片由筆者提供。

肥田料，形成循環經濟運作，從而減少石油峰值，減少破壞氣候，特色是鼓勵以物易物，有自我貨幣。在歐洲，這種鄉郊環保低碳生活小社區逐步開始發展。並推展至不同國家，亦可作借鑒。

我們再看看香港的鄉郊，大眾的思維仍將城市的「發展」模式，套用於新發展區，安置不斷膨脹的人口。對於已被破壞的棕地，鑑於種種理由，仍未被利用。東北古洞將會成為另一市鎮。幸好郊野公園條例仍能發揮作用。

香港郊野存在著很多荒廢的村落及村屋，正正是新一代農村發展及新農業的開展地，又是田園綜合體的發展的好地方，或是環保社區的理想實踐地。可是香港只有一套應用於城市的建築條例及消防配套等，對於鄉郊村屋，村落發展如有牌照的鄉村度假屋及食肆，均不太合用。這樣對於鄉郊模式的各項新農村發展，有著極大阻力。今次疫症的考驗，港人以郊野作呼吸新鮮空氣之空間，鄉郊更覺珍貴。因此，除了珍惜既有鄉郊地方，政府更應盡快檢視各項相關條例，制定出適合用於鄉郊之用，推動本土農業、經濟、環保及保育等發展。

客家美濃 天人共生

鄭炳鴻

2016-02-06 原刊於《信報》

早前應邀到台灣高雄帶領中、港、台學生研究有關「自給自足」的可持續社區課題,當中涉及在原生環境中,面臨如洪水、暴雨、滑坡等自然災害後,如何保存和復興原住民的文化和生活,並構建出一套可持續的社區發展模式。

這樣看來,與今天高度城市化的香港社區,可說是風馬牛不相及。但細想,在極度依賴「集體系統」的今天,城市人已經忘記與土地唇齒相依的關係,例如對社區地貌的認知可能是通過集體運輸網絡建立,而非通過直觀感知環境或觀察四季變化而得知;又如對食物資源等的獲取是透過商業包裝的價值取捨,而非與真正需要有任何直接關係。

簡而言之,城市生活正不斷受抽象化和格式化的集體管理系統所支配著,甚或逐步侵蝕人文價值的基礎,如現在不斷強調的「程序公義」,把人性中對公義的確信貶值為程序的遵循。那麼,「建築」作為人與環境的中介存在,又可否發揮更積極的作用,重新呼喚起人類與自然互相尊重的信約,甚或人居環境可否容納更豐富的物種棲身其間,而非單憑節能環保的綠色科技來處理「先破壞、後彌補」的發展困局呢?

儘管香港的高密度城市正示範著高效節能的生活模式,但在全球化的綠色巨潮下,這種巧合的高密發展再不能獨善其身,作為藉口而缺席生態保育的盛宴。那麼,在意念中這種人居環境與自然共生的棲居之美,在現今城市化的處境中

又是否癡人說夢，遙不可及呢？

　　香港當下我們可能仍受「生為樓奴、死為龕婢」的魔咒所惑，當務之急是要「不論美醜、人人有樓」，在主流思維中，環境保育只是錦上添花，可有可無。不過，與此同時，離高雄不遠的山谷中，有處名為「美濃」的客家聚落正以在地實踐，探索著如何以「敬天畏地」的客家傳統精神「立人」於天地之間，亦即如何配合天然水文地理，通過細作耕耘創造天人共生的人文棲居。這種源於逃避戰難而擇居山野依山靠水的生活模式，在主動與被動之間保留著客家自身文化的同時，亦開拓了「靠山吃山、靠水吃水」的生存智慧。

　　誠然，在當今推崇高科技發展的智慧城市（smart city）思維下，這些與自然共生的產業作息 ——「原鄉人居」，近乎是時空狹隙中反饋的一道靈光，讓我們重新思考如何定義綠色生活的基準；要麼是按集體系統思維中要達成限時定量的減排指標，要麼是按自然規律中天人共生的互相協調。

　　一種是通過科學抽象的監察手段進行，另一種是透過人類認知共性而衍生。那麼環境保育應該從「冷知識」抑或「熱情感」出發，而付諸行動呢？或許這裡沒有一個絕對答案，但透過在美濃的觀察，也許可以為「後工業」年代的可持續願景提供一些線索，當中大概有三道主要脈絡：

　　一、按照原生地貌配合四時規律而生活，即如季節食品、衣服皆是適應寒暑而生產，而建築構物則是就地取材，因應氣候而設計；

　　二、發揮客家自身文化中的節儉克己、善用資源、物盡其用的精神，並以多元而自然的緩衝手段保存用水、產物等；

　　三、通過實體的文教方式，如在地耕作、環境美學、文

學欣賞等，展開結合情景的人文對話。

這些脈絡如果放諸當代城市可持續發展的論述，豈非等同我們掛於口邊的綠色建築、環保教育的前設原則嗎？這樣說來是顯而易見、理所當然的人文景象，只是今天因為工業化、城市化後的種種原因而變得疏遠陌生。實則在我們中青代之前，大部分城市居民皆來自農村，所以在我們的文化記憶中，這個情景只有隔代之遙，我們年輕一代又可否重拾呢？

因此，對未來可持續環境的疑惑，有人倡議「農村就是答案」（village is the answer）【註】。但是這個「答案」在香港又可否實踐呢？一般來說，已習慣方便快捷的城市人，要即時放下一切俗世煩囂，又談何容易；但如果可以「停車暫借」鄉野時空，作回歸綠野的身心體驗，能夠在一段短時間內，在復修田野的總體環境中，領受和思考如何在城市生活中重新建構綠色環境，那麼我們就不必刻意求功，強加標籤於什麼「綠色建築」；反之，原生的「建築」是通過「人在野」的總體環境，構建「立人於天地間」的真實價值。

註：S.S. Kartono，印尼「木收音機」設計師所實踐的新世代農村結合生產／生活思維。

186

城市走向多元

何建威

2016-04-23 原刊於《信報》

　　上周到訪吉隆坡 Badan Warisan Malaysia 的討論會「This Kul City: A Capital City Idea! Shaping Kuala Lumpur」。印象最深的，並非位於市中心美輪美奐的現代建築，而是這個城市的人文、舊區和歷史發展。

　　誠然，城市規劃其實是資本的再造，但如果一個城市的規劃政策只是追求資本極大化，資本將獨統了城市的系統（土地用途、交通、行人）和地貌（人文、建築物、景觀、使用者群組）。由於所有機制均指向利潤極大化，可以預期這種城市規劃的結果就是把舊區原有的街道、景觀、肌理和居民的生活方式徹底消滅，取而代之的就是購物商場連住宅的巨無霸商住項目，複製至城市的不同地方。

　　將軍澳和馬鞍山是全盤由政府規劃誕生的新市鎮，再交由地產發展商主導整個市的面貌。結果就是龐大的購物商場連住宅的商住項目不斷大量複製，一個項目與另一個項目各據一個板塊，刻板的街道有如鴻溝，無法踰越，晚上走在街上有如鬼域，這就是最典型的「現代化」規劃——不帶個性、沒有面貌、高度標準化。

　　這種城市規劃模式不但影響城市景觀（cityscape），亦影響城市組態（urban grain）；前者影響在於視覺，後者卻更深遠地影響城市的願景（vision）。

香港的城市規劃和市區重建，一直以金錢利益為首要考慮。土地是社會重要資源，要善用公帑本來無可厚非，但若只單單把城市規劃和市區重建當作一盤生意來看，我們的城市只會消失，大量隨年月有機形成的舊區與日常生活的平常事物，將無聲地一筆消滅，我們無法跟逝去的時間空間有任何聯繫。誰希望生活在這樣單調的城市呢？

1970 年代，天水圍仍然是一條圍村，與南生圍一樣，周邊是一大片魚塘。1982 年，港府收回天水圍所有土地，把土地重整發展為可容納 30 萬人居住的新市鎮，並把其中 40 公頃土地交由地產發展商發展住宅，餘下的工地大部分交由房委會興建公屋或留作土地儲備；「天水圍」自此在香港歷史上消失，之後的「愁城」便見證了香港城市規劃模式的徹底失敗。

因此，香港的城市規劃必須從多方面走向多元化：一、土地用途（landuse）；二、人文景觀（cultural environment）；三、建築景觀（built environment）；四、使用者（user）。

政府必須醒覺「城市發展」中的「發展」，並非單單指拆舊建新，而是擁有更多可能的多元化重整計劃：

一、由上而下的城市規劃，以及由居民與商戶組成不同關注組，參與共同協作（這種模式在觀塘裕民坊試行，效果待證），並以公共平台由不同地區人士交換訊息；二、公開政府所有技術研究，評估供不同持份者閱覽；三、為地區需要提供多於一個的功能；四、認真追求鄰里在不同層級的形成，令街道變為公共空間，有多元活動和多元使用者；五、更多由區域連結的鄰里；六、鼓勵小型建築物而不是巨型結構。

社會，從來沒有認真看待城市規劃，並接受它的最終形式就是不斷重複看似更現代、更舒適的巨無霸商住項目；但當下，如果「本土」是一個大家都在乎的質素，我個人覺得，正確的方向是讓它和諧地多元寬闊，而並非用單一的量尺把它裁窄收細。當我們走向同步和一體化時，我們更要珍惜本土和多元。

綠色建築三大要素

伍灼宜

2016-04-02 原刊於《信報》

今時今日,「綠色」已成為許多產品和理念的標誌。隨著綠色消費觀念的形成,大眾對綠色產品的認知程度雖然正逐步提高,但他們對「綠色建築」一詞卻未必能完全理解。「綠色」究竟表現在哪些地方?有人甚至把「節能」、「綠化」和「綠色」劃上等號,或者把一些裝有太陽能板或設有空中花園的建築稱為「綠色建築」。

其實,「綠色觀」早於原始人類選擇南向的洞穴而非北向的時候,就已經存在了,它是一個兼顧居住者舒適與環境關注的建築概念。雖然由於地域、觀念和技術等的差異,各國對綠色建築的定義也稍有不同,但業界普遍認同綠色建築應具備三個基本主題:一、減少對地球資源與環境的負荷和影響;二、建築物與周圍的環境相融合,甚至產生正面的影響;三、創造健康和舒適的生活環境。

讓市民分辨綠色程度

以上所講的三個主題,每一個都有其必要性,所以如果只具備個別綠色元素,並不足以令一座建築物稱為綠色建築。我們可以從宏觀上界定構成綠色建築的元素,從微觀上提供設計策略和技術措施,這就是外界評定建築物的「綠色」程度時,所用的一套準則。

而本港所用的準則，稱為「綠建環評」（BEAM Plus），它是由香港綠色建築議會和建築環保評估協會一起營運的評級計劃，為建築物的綠色程度給予評級，結果可以是鉑金、金、銀、銅和不予評級。根據《一手住宅物業銷售條例》，若發展商申請樓面面積寬免，一般須於售樓書披露建築物的環評結果；如此，市民便可清楚地分辨建築物的綠色程度。

值得一提的是，氣候變化是各國密切注意的議題，極端氣候對我們日常生活影響亦漸多。為對抗氣候變化和增加城市的可持續性，香港政府於去年 5 月 14 日公布「香港都市節能藍圖 2015 ～ 2025+」，目標訂於 2025 年把能源強度減少四成。

在香港，建築物佔了全港用電九成和溫室氣體排放六成，因此，推行綠色建築是有效減少溫室氣體排放的主要方案之一。在這方面，建築師有重大的貢獻，他們可以透過被動式設計來達致節能減排的目的，例如減少建築物西斜的立面、加設窗外遮陽的措施、把窗戶開向夏季盛行風的方向等。至於樓宇落成後，設施的操作、保養和更新也直接影響建築物的碳排放，為此「綠建環評」除了「新建建築」外，亦設有「既有建築」的評核，該評核的更新版於本年 3 月 24 日開始接受申請。

此外，從本地環境去看，過去本港建築對於「綠色建築」的意識不是很強，在設計、興建和營運上，往往沒有充分考慮對四周環境的影響，其中最典型的例子是屏風樓，它們加劇了城市熱島效應，除了令街上的市民感到悶熱外，亦令四周建築物使用更多的冷氣。

為回應社會對屏風樓的日益關注，「綠建環評」在 2010 年加入「空氣流通評估」，以鼓勵發展商在設計樓宇

時，利用電腦模擬技術預測不同的樓宇形狀和布局對社區通風的影響，從而揀選最有利的設計。這種設計手法不僅影響單體建築物的設計，更影響城市的整體規劃。為了更全面照顧社區設計的環評需要，香港綠色建築議會正在草擬一個專為項目總綱規劃而設的環評工具，預期本年第三至第四季推出。

涵蓋建築物生命周期

除了保護全球和本地環境之外，綠色建築的另一個重點是促進較佳的居住或工作環境，因此在「綠建環評」中，有很多分數是給予優質的室內環境、完善的生活設施和對社區環境帶來益處的設計，包括公用空中花園、加闊而有天然通風的共用走廊，以及高於標準的光學和聲音環境。試想想，如果物業的空氣清新，單位通風度、採光度和隔音度高，居住者便可擁有較好的生活質素，那對他的健康自然更有助益。

總括而言，評定一座建築物是否綠色，須從全球環境、本地環境和建築環境三方面整體去看。而評核的階段應涵蓋建築物的整個生命周期 —— 其中在項目規劃階段優化建築物的布局，在設計階段提升建築物的能源效益，在營運過程中減少碳排放，是本港落實對抗氣候變化的重要一環。此外，由於綠色建築能裨益社區和促進使用者的健康，它亦有助於解決本地的環境問題、改善建築環境的宜居性，以及提升樓宇的質素和價值。

城市發展加入步行廣場

雷卓浩

2016-01-30 原刊於《信報》

　　按聯合國 2014 世界城市化前景報告，現在世界約有 50% 人口住在城市，估計到 2050 年，數字將提升至約 70%。在現代城市化的進程中，隨著高速公路的發展和高層建築的誕生，城市生活開始分化和隔間。人們在這些城市可以怎樣互動？城市設計能否激發而非排斥社會行為？那麼我們應如何規劃和設計有人性化的城市？

　　由於大城市需要時間和金錢來擴大自己的基礎設施，以滿足不斷增長的需求，各城市當務之急有待解決的重要課題是，城市要怎麼樣設計或重建才可成為宜居之地。Andreas M. Dalsgaard 的電影作品《The Human Scale —— 人本都市》就是探索這個關於現代城市設計的問題，其主論點基於丹麥建築師 Jan Gehl 40 年來系統地研究城市人行為的結論。他的概念涉及降低或放棄對汽車使用空間和提高行人的使用空間，從而鼓勵跨越階級的人際交往。

見證人本都市概念

　　建築師 Jan Gehl 起初的研究是基於對城市人的行為發生興趣，多於對建築物本身 —— 所謂建築物之間的生命。他的研究課題包括：是什麼促使這些生命的存在？是什麼時候使它被摧毀的？怎樣才能把它找回來？這啟發了 Jan Gehl 對城市人如何利用街頭的研究，了解人與城市互動的關係。

Jan Gehl 觀察城市人怎樣活動和互動，這些街道空間可以允許多少不同的群體使用。

　　片中 Dalsgaard 利用不同城市作為例子，探索成功與失敗的原因。哥本哈根體現了許多 Jan Gehl 的理念，憑藉其無車小區和自行車優先概念，見證人本都市的概念。墨爾本作為三次獲評為世界上最適宜居住的城市，成功地把以前用作放置垃圾的小巷修復成排列咖啡館和商店的步行通道。在中國重慶，Jan Gehl 設計了一個步行網絡，減少旅途時間，並為人們提供一系列的小型休閒空間，鼓勵人際交往；紐約時代廣場和百老匯的周邊成功地延伸改作為行人專用區，增加了當區的遊客數目；遭地震破壞後的紐西蘭基督城的重建，利用參與式規劃，並選擇以人為尺度的 Jan Gehl 模式。這些例子一一體現人本都市的概念和可行性。

　　在今天的香港，我們可以看到兩種完全不同的城市形態：一是小規模布滿橫街窄巷的老城區。這些狹窄的小巷也許沒有華麗的裝飾、沒有非凡的建築價值，但它們人性化的空間和那些只能於行人速度才能注意到看似微不足道的細節引起了我們的注意力。最重要的是，於大部分的時間裡，這些小巷都是沒有車的，因此我們可以相對安全地在內行走。在這些夾道內走路時，有時會有些混亂情況發生，而且有些活動是不確定性的或是在意料之外的，但是這些看似混亂的不同活動，可以在同一時間和空間中並存且沒有影響對方，真是令人驚訝！

所有活動引入商場

　　這些一連串的活動都是在建築物以外，在街道上發生的，城市的公共空間頓時變成我們公共生活的舞台、我們公共生活經驗的一部分。當老小區重建時，這些城市肌理可以

保留下來嗎？這些人與建築物互動的關係能夠得以保存和維持嗎？

另一方面，我們的新城鎮發展模式多數以大型購物商場為中心，住宅建在其上；更大型些的發展項目可能包括利用行人天橋連接幾個大型購物商場，讓所有活動引導到商場的內部；街道唯一的作用變成車輛運輸的載體，人們在街上的公共生活給私有化和內向化。商場的中庭成了我們的現代城市廣場。在商場內，我們無法體驗大自然，看不到外面的陽光，亦感覺不到外面的自然風。當然，這些商場也有它的優勢──非常方便與安全，但是當所有商場開設類似的商店和餐館、且變得公式化時，我們實在應該反思這是不是發展的唯一模式？

今年的《施政報告》提出發展新界北部地區，在研究其具體細節時，可否研究和探討以綠化為中心來取代以城市為中心的發展模式？這樣不但可以配合新界鄉郊生活，更能令新界城市變得有特色、有個性，同時也可提高當區生活的切合性。

在佔領中環期間，部分夏慤道與遮打道突然變為行人專用區，不僅空氣變得較好，而且對很多香港人來說，這是第一次能在該路面近距離以行人速度感受和視察周圍的建築物，這種感覺很人性化。突然間有許多可能性可以發生：我們可以在這裡行走、站立、看、跑、坐、玩、學習、聽、閱讀等等。也許那時候該路段已變成香港真正的功能性步行廣場了！在香港未來的城市發展可否加入步行廣場到的城市設計，讓公眾可以近距離欣賞城市的美態，與此同時在公共空間開展我們真正的公共生活？

環保＝多建樓面面積？

陳祖聲

2017-03-17 原刊於《信報》

2012 年，建築師學會曾致函剛當選的梁振英特首，轉眼已過 4 年多光景，當中很多議題建議仍是原地踏步，或仍然與特區政府政策局和部門作初步研究商討中。前特首曾蔭權時期曾推行一系列影響深遠的環保建築政策，理應於今屆梁振英任期內檢討成效，尤其是屋宇署於 2011 年推出的一籃子環保建築設計要求，一直在建築師及學術界內存在要求檢討的聲音。

然而，屋宇署近年與建築、工程及測量業界的溝通是有目共睹的，作風比以往務實，並願意聆聽業界聲音，為其他政府部門如消防處、地政署等作出一個好榜樣；但是關於環保建築設計、相關綠色認證及相關豁免建築物樓面面積這些議題上，屋宇署的角色只是執行政策局的主導方向，而整個環保建築政策的邏輯和成效，理應向業界作出全面諮詢、檢討及修正方向。建築師業界內的意見大致可歸納為以下兩大點：

一、多建樓面面積的影響

環保及節能已是很多建築師於設計過程中考慮的基本元素，與消防安全、無障礙設計、通風採光或樓底淨高等基本

要求無異，政府理應可立例要求建築須符合某些環保要求，而毋須一定透過豁免樓面面積作為推動環保設計的動力。

然而，容許綠色認證建築多建樓面，邏輯上正確與否，值得商榷。環保其一目的為節能減碳，多建樓面面積原則上卻與減碳目標相悖。現時香港環保建築樓面豁免面積是總面積的 10%，但不設總面積上限，新加坡每項工程上限豁免面積是 5000 平方米，而很多外地城市並非以樓面面積作為推動環保建築的主要方法，稅務寬減、回贈及立例規管都是其他國家正在採納的方案。

香港現時要求綠色認證作為豁免樓面面積的先決條件，這要求令負責綠色認證審批的非政府機構和審批人士在處理認證申請中，間接牽涉數以千萬或過億計的樓面價值，而審批人士及發展商同為專業人士，大多互相認識或有不同的工作關係，很難做到完全避嫌。隨著樓價飆升，涉及的樓面價值大幅上升，這制度更應即時檢討。

數年前，香港綠色建築議會曾諮詢業界把豁免的 10% 上限進一步提升，容許獲得白金認證的建築豁免增至 15%，建築師對此建議多持保留態度，並不認同這是推動環保建築的上策。上月梁特首的《施政報告》重提這個建議，建築師業界人士對此建議認為應先檢討成效，然後再商討多建樓面面積是否唯一的上策。

建築發展商為追逐額外的 5% 樓面面積及數以億元計的利潤，便盲目而不理性地追逐白金認證，與環保建築的宗旨背道而馳。以額外樓面面積作鼓勵環保，理應只是短期措施，長遠應直接要求新建樓宇必須滿足基本的認證要求。

二、樓宇變成四方盒

2011 年推出的屋宇署作業備考，推出時是為了回應當

時社會上對「屏風樓」的批評，動機和意圖是正確的。經過數年實踐，業界認為某些設計要求達不到原意，也令居住環境更不理想。例子一是所有停車場須設於地庫以獲得樓面豁免，間接令最近落成的一些屋苑其低層單位貼近地面，出現一些極不理想的居住情況，形成低層住客與雙層巴士上層乘客可以對望，犧牲居民的私隱，亦令這些居民受交通燈光、廢氣和噪音嚴重影響。

例子二是建築物向毗鄰地界退縮 7.5 米，此要求原意是加強城市通風效果，但如果發展地盤有高度限制，此要求便令地盤可建地面面積減少，建築設計變得更「屏風」，單位互相對望，這便犧牲景觀、通風和私隱。

近期規劃署檢討全港發展密度以增加住宅樓宇供應，若不適度放寬高度，將來新落成的住宅便會變成一個個大型石屎四方盒，如尖沙咀東盒形建築外觀。數年前社會對建築高度的關注，不幸地演變成對高樓「妖魔化」。從專業人士的角度看，好的城市設計應是立體規劃，有高有低，適量高樓為城市提供更佳的通風效果和體驗，比整區劃一高度更為適合香港的城市設計。

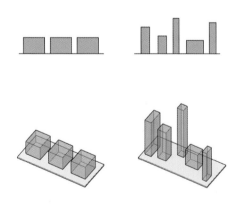

同等建築面積下若沒有嚴厲高度限制可提高城市空間的多樣性

重新設計既有建築

伍灼宜

2016-07-23 原刊於《信報》

　　4 月 22 日，應對全球氣候變化的《巴黎協議》在聯合國總部簽署，包括中美在內超過 170 個國家和地區的代表簽字，去年底巴黎氣候峰會促成的協議，得以確認落實。香港佔地球面積 0.0002%，但二氧化碳排放卻佔全球總排放量 0.13%，當中約六成的排放均與樓宇有關，因此建築師可以從樓宇的設計、建造和使用入手來減排，特別是既有建築。

　　現時全港約有 6000 幢樓齡達 50 年或以上的樓宇，這個數目會以每年約 580 幢的速度遞增。樓齡達 30 年或以上的樓宇，更多達 2 萬幢，10 年後更會增至約 3 萬幢。上述的舊式樓宇絕大部分未能符合當今的健康環保標準，固有很大的改善空間，以增強可用性和為物業增值。可以想像，在氣候變化日益嚴峻的今天，能改造現有建築，令它們做到環保、健康和空間運用得更好，會對減排和社會有很大的貢獻。

　　別以為既有樓宇的改造機會都只是更換冷氣、照明等機電設備，其實有很多重新設計既有樓宇的機會，建築師都能發揮重要的角色，尤其是那些牽涉被動式設計和深層次改造的工程。比方一幢很舊的樓宇要翻新，往往須作空間的重新規劃，看看可否令建築物更物盡其用，節材、節能和節水，而又能夠更符合健康標準；在決定冷氣和照明要怎樣改造之前，建築師亦可先看看窗戶、外牆和屋頂可否做到更加通風、採光和隔熱。建築師在建新樓宇時發揮領導和統籌的角

色，這些專業本領在改造工程一樣大派用場，因為這類工程往往涉及與業主和用戶的緊密協調，以及建築、機電、結構、環保和財務等多方面的專業統籌。

其實，香港早於 1996 年已開始推出綠建環評工具 BEAM。工具發展至今，所有新建一手住宅物業若要以環保理由申請總樓面面積寬免，均須在售樓書上列明其綠建環評的結果。至於既有樓宇，BEAM 亦有評估工具，評估重點在於樓宇的管理、運作和保養，其理念是持續評估建築物的表現，使樓宇的綠色程度得以保持和提升。在評估工具推出首 10 年，即 1996 至 2005 年，首 100 個接受評估的項目中，60% 是新建建築，其餘 40% 是既有建築，可見後者亦廣泛採用綠建環評。

綠建環評隨著社會進步而發展，當工具於 2010 年更新為 BEAM Plus 後，儘管其技術要求比以往版本為高，既有建築的評審計劃仍受到不少公私營樓宇管理者的支持。為促使舊式樓宇狀況得到改善，綠建環評既有建築評審工具於今年 3 月 24 日推出新版，在以往的評估方法上多加了兩條評估途徑，包括讓樓宇分階段進行改善，以及讓樓宇在個別自選範疇進行評審，使綠建環評更易為不同狀況的樓宇採納。到今天，已陸續有各式各樣的既有樓宇參加新版的評審。

在財務支援方面，市建局為鼓勵業主翻新舊樓時選用環保物料，在「樓宇維修綜合支援計劃」之下，已增設環保項目津貼，津貼範圍包括大廈外牆髹漆工程、安裝節能照明系統等。中電和港燈公司亦分別成立基金資助住宅樓宇進行節能改善工程，住宅樓宇如登記綠建環評，會是其中一個獲優先考慮取得基金的條件。此外，水務署亦會為已登記綠建環評的住宅樓宇處理免費節流器的團體申請，以資助住戶提升用水效益。

對一些未能獲得資助或本身財政條件有限的大廈，他們亦可透過重新校驗和行為改變達致綠色建築的目的。重新校驗是指在大廈入伙之後重新校驗大廈，以鑑定建築物的效能表現。國際經驗顯示，即使建築物落成只有短短數年，亦可受惠於重新校驗，因為大廈入伙之後都會經歷不少改變，而建築物本身亦會折舊，校驗過程往往可以找出大廈需要調節之處和非必要的能源浪費，例如建築物門窗有缺口而導致冷氣流失、鮮風量須作調校等。

　　至於行為改變有賴大廈使用者作出節能、節水和減廢的措施，而物業管理公司亦可透過管理措施達致相同的目的，他們也可以與租客訂立綠色租約，共同實施綠色裝修和使用的守則。總括而言，建築物一經建成，其對環境將會帶來長期的影響。即使綠建環評鉑金級的建築，在營運階段，要做到綠色要求，是需要大廈使用者和管理者的共同努力。我期望社會各界積極實踐既有建築的改善和認證，與建築師一起重新設計既有建築，為對抗氣候變化出一分力。

遺下·

美好

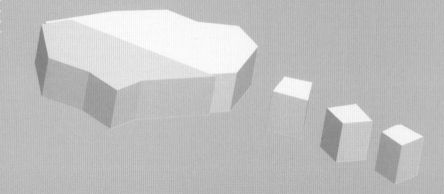

名哲學家尼采說：「記性差的優勢就是可以重複享受同一件好事，尤如初次經歷」。上天給予我們記憶的能力，也賞賜反思和學習的本領。翻閱老照片，我們總會重溫旅程的驚喜或畢業的興奮，至於當時的塞車或爭執等瑣事就欣然淡去。保育歷史建築也是一樣。遺下的並不一定完美，重要的是學會抽取當中的價值，真誠地去持續和展示，創建更美好的未來。

梁以華

　　我們的建築是一個載體，紀錄香港經濟、政治、理想、文化的發展，成為我城的一份很重要的遺產。可城市發展時創造了新建築和城市肌理之際，同時又拆卸了許多舊建築及街道；這些遺產的推倒反映了我們的價值觀＼審美觀的轉變。以下文章紀載了香港建築師如何以不同角度欣賞我城的建築環境，如何在建築遺產保育與城市發展之間取得平衡，活化建築所面對的挑戰，亦探討建築保育所需的制度、培訓、及政策基礎。

林禮信

文物保育別走回頭路

吳永順

2012-06-14 原刊於《信報》

　　候任特首建議改組政府架構，把現屆的發展局和運輸及房屋局的功能重組，變成房屋規劃及地政局和運輸工務局；另外又增設文化局，把原屬發展局的文物保育工作撥歸其下。

　　2007 年，天星皇后事件挑動了民間對歷史建築保育的強烈訴求。第三任行政長官曾蔭權政府上場後，倡議「進步發展觀」，認為城市發展和文物保育須要平衡，於是成立發展局，把基建發展、文物保育、規劃地政、屋宇和市區更新等政策全歸發展局一手抓。

　　當年的另一改動，就是把本屬民政事務局局長擔任的「古物事務監督」改由發展局局長兼任。

　　事實上，文物保育和城市規劃土地政策息息相關，不能分割。保留古建築、舊唐樓，保存街道市集、里巷風情，都是城市規劃不可或缺的一環。

　　過去，文物保育政策落在民政事務局內只有「諮詢再諮詢」，保育工作在沒有城市規劃和土地政策的配合下，一直難以成事。那些年頭，規劃地政思維偏重財政收益而輕視文物保育，因此不少具歷史價值的建築物均一一消失於推土機下。取而代之的是，另一幢「起到盡」的高樓大廈，是另一個千篇一律的名店商場。

　　那時候，人人都說：「香港，是個沒有記憶的都市。」

　　發展局成立後，這種思維有了轉變，城市規劃不再「以錢為本」，土地規劃不再單為庫房收益，亦要讓歷史文化得以傳承。政府在 2009 年推出的「保育中環」計劃，當中把荷李活道警察宿舍和中環街市剔出「勾地表」，放棄過百億的庫房收入，就是平衡了保育和發展，就是考慮「價值」而不單看「價錢」。

　　此外，對於保育位處私人土地的歷史建築，政府便通過靈活運用土地資源向業主提供誘因，而毋須直接動用公帑。例如景賢里，便是以「以地換地」的模式保存下來；又例如中環聖公會建築群，則以「轉移地積比率」的做法保存。

　　五年來，政府在文物保育上奠定了基礎，實在應該持續下去。可惜，新政府改組，文物保育跟規劃地政一再分道揚鑣，明顯是「打回原形」。有保育專家批評，由沒有土地規劃權的文化局掌管文物保育，是走回頭路，是大倒退。

　　再者，保育政策由文化局管理，規劃地政由房屋規劃地政局管理，前者隸屬政務司司長，後者則隸屬財政司司長；本屬一體的政策範疇將來既分局又分司，一旦遇上保育歷史與土地收益的矛盾，要協調，又談何容易？

從主教山配水庫引發的保育反思

郭永禧

2021-02-27 原刊於《信報》

主教山配水庫的發現再一次引起社會對文物古蹟保育的關注。對社會大眾而言,珍貴罕有的古蹟得以保存,當然十分重要。幸好在社會要求保育配水庫的強大呼聲下,推土機終於停下,不至於重蹈天星碼頭及皇后碼頭的命運。古蹟雖然得以保存,惟規劃過程如何讓市民得以參與,如何活化、開放,讓普羅大眾得以享用,其難度並不比保存古蹟容易。

去年的一套日劇《在名建築裡吃午餐》,男主角帶著女主角走訪不同的著名建築,例如大師 Frank Lloyd Wright 在東京設計的自由學園明日館、前川國男設計的國際文化會館等。主角除了帶領觀眾探索建築空間、欣賞建築細節、了解建築歷史外,更在內享用午餐,如法式三文治、日本最早啤酒館的復古漢堡肉等,它們看起來都和建築環境搭配得當,顯得更加美味。香港的觀眾自不期然會想,在香港又是否能有這種享受?

可惜,在香港的古蹟用膳,通常消費昂貴,往往給平民大眾一種高不可攀的感覺。由最近的大館(舊中區警署)、美利酒店(前美利大廈)、PMQ(前荷李活道已婚警察宿舍)、1881(前水警總區總部)、和昌大押等,充斥的都是相對高級的餐廳,消費不菲,除了與建築歷史本身談不上有太大關係外,空間商品化更令古蹟只讓具消費能力的高級階層玩樂享受,成為平民大眾卻步的地方。

當代最具影響力的人文地理學家大衛·哈維（David Harvey）在其論文《The Art of Rent: Globalization, Monopoly and the Commodification of Culture》中便檢視了文化與資本的關係，他對於文物及地標有以下分析：「如果獨特性、真實性、特殊性等宣稱，構成了掌握壟斷地租（monopoly rent）能力的基礎，那麼還有什麼領域，可以比歷史建構的文化產物和實踐，以及特殊環境品質（當然包括了營造、社會和文化環境），更適合提出這類宣稱呢？……有許多宣稱仰賴歷史故事、集體記憶的詮釋與意義、文化實踐的涵義等等：在這類宣稱的建構上，總是有強大的社會與論述成份。然而，一旦建立之後，這些宣稱可以不斷諄諄教誨，以便汲取壟斷地租……」

他以巴塞隆拿為例子，指出「對於特殊的加泰隆歷史和傳統的考掘，其強盛藝術成就與建築遺產的行銷，以及獨特生活風格和文學傳統的標記，都逐漸呈現，並有洪水泛濫般頌揚其獨特性的書籍、展覽和文化事件加以支持」，並在「得到奧林匹克運動會的協助，開啟了蓄積壟斷地租的龐大機會」。可是，「巴塞隆拿最初的成功似乎一頭栽入了第一種矛盾。隨著以巴塞隆拿作為一個城市的集體象徵資本為基礎，展現出豐富的汲取壟斷地租機會，其無可抵擋的誘惑，就吸引了更為均質的多國公司商業化踵步其後……多國公司商店取代了地方商店，士紳化（gentrification）移除了長期居住的人口，破壞了舊都市紋理，巴塞隆拿因而失去了某些區辨標記，甚至還出現了某些明顯的迪士尼化跡象。這種矛盾充滿了疑問和抵抗。要頌揚的是誰的集體記憶？誰的美學才真的算數？為什麼要接受任何形式的迪士尼化？」

回到香港，在注重成本效益、要求自負盈虧、缺乏承擔的固有思維下，古蹟文物的士紳化便顯得無可避免。古蹟內的空間要以高租金出租，並以文藝、懷舊的符號，吸引遊客作高昂的消費。古蹟縱然得到保存，但社區原有生活文化遭受影響，原有居民、商戶因負擔不起上升的租金而要搬走。

　　主教山除了有結構罕有的配水庫外，在其附近亦同樣有在香港少見、由街坊自理的康樂設施，包括乒乓球、鞦韆、太陽傘、健身單車等。原來該空間是由沙士康復者自發搭建的「公共空間」，一班晨運人士放置健身器材，讓街坊自由使用。此外，還有一個種植空間，在樹木中擺放有一張長凳，供遊人遠眺。

　　主教山配水庫的發現可謂讓大家在這段應付疫情期間有一息喘氣的空間，難得民間不同界別人士異口同聲表達一致意見，相信保育乃眾望所歸。筆者但願當局的保育思維能與時並進，汲取教訓，理解整個配水庫與周遭空間的關係，進行公眾諮詢，再由專業人士提出保育方案，方能不浪費此瑰寶。

誰在磨滅殖民地印記？

馮永基

2012-09-13 原刊於《信報》

　　回歸以來，接二連三發生拆遷中環皇后碼頭、天星碼頭和政府山西座去留等事件，難免予年輕人的印象是：「港英政府年代努力保留下來的古迹，特區政府卻圖謀消滅殖民地的印記。」究竟有沒有這回事？如說「有」，大家會好奇地看下去；若說「沒有」，大家便感到狐疑！

　　香港自開埠以來，確是一個資源匱乏的城市，港英政府的治港策略是以標榜低稅制作招徠，並依賴賣地來維持庫房收入。

　　在那些年，每當政府提出移山填海，社會會視為德政，能加快清拆舊區，更是大快人心！如是者，從七十年代初，看似「小倫敦」的「東方之珠」便開始大興土木，令市內最優美的古舊建築，包括尖沙咀火車站、中環郵政總局、告羅士打行、公爵行、公主行、海事處大樓、香港會所……不消十年，便灰飛煙滅；到八十年代，港英政府更有把重點的政府建築物拆卸或出售的連串計劃。

當年的人只求賺錢

　　當時社會普遍奉行的核心價值觀是「只求賺錢，不談政治」。政府內部的建築師和市政局議員亦鮮有提議保留歷史建築，理由是：「造價會很昂貴，設計上很麻煩，不值得！」以下是我所經歷的零星例子，或可給大家一點啟示：

一、位於上環水坑口旁的「大笪地」，原是當年英軍登陸香港的重要歷史地標，卻不動聲色，重建為一個失去原貌的中式荷李活道公園。

二、位於高街的前精神病院，在視它為「鬼屋」的主流意見下，得不到完整保留。

三、尖沙咀火車站拆卸前，一群有心的建築師曾去信英廷要求保留，卻不得要領，只能留下孤獨的鐘樓和六根石柱。八年前，政府建築師建議把現時放置尖東的六根石柱重置在鐘樓範圍，以配合歷史原貌，區議會卻嘲笑為不合時宜的「羅馬廣場」。

四、原位於中環的卜公碼頭，在六十年代因填海而拆卸，幸好當時有建築師把「廢物」重置於黃大仙摩士公園，作為涼亭之用。八年前，再由新一代的建築師把它搬回海濱，重建於現在的赤柱海旁。

五、九龍公園內一座英兵軍營，市政局議員提議清拆重建。該建築師力主保留，並獲得一位官委議員力排眾議，終能保留一座殖民地建築，即今天的衛生教育展覽及資源中心。門前的兩根「科林斯式」石柱，更是該建築師途經拆卸中的余仁生藥行時撿拾回來的；如此，香港便多了一處文物景點。

今天的人視港為家

從上述事例可見，舊建築的保留與否，取決於實用主義和個別人士的意願。那麼，殖民地建築的逐漸消失，應歸咎過去香港社會普遍對歷史和文化的冷漠，亦是官民之間只求「發展」必須共同承擔的後果。

回歸後，香港社會呈現剛好相反的意識形態，衍生的另一現象是民間會激情地「守護」舊有的東西。儘管特區政府遷拆天星碼頭和皇后碼頭時，純粹是從「發展基建，方便市民」著想，也積極保留灣仔街市、中環街市、美利大廈、前已婚警察宿舍、永利街、必列者士街街市、政府山中座和東座等貴重地皮，但仍跟不上時代的急劇轉變。

今天的年輕人再不像我們這一代曾抱著「過客」的現實心態在這裡寄居，他們已視香港為自己的家園；因此，他們不願見到任何形式的印記，逐漸人為地受到遺忘。

誰偷走我們的油麻地？

梁以華

2013-03-14 原刊於《信報》

身為油麻地街坊，我愛油麻地多姿多采的文化生態和都市活動；但身為建築師，我恨油麻地雜亂的空間和污染的環境多年未得到改善。我喜歡瀏覽廟街那些充滿生氣的街檔，卻懊惱為什麼廟街南北遭停車場大廈斬為兩截；我享受在駿發花園廣場找尋小食或追蹤藝術電影的樂趣，但是被迫忍受加士居道天橋長年累月的噪音和污染；我因著油麻地警署迴廊的歷史氣氛而沉醉，卻為這珍貴歷史建築的未明去向而困擾。

政府現在推出的中九龍幹線項目，將為油麻地帶來翻天覆地的巨變，似乎應該為這個滿有特色的區域帶來百年難得一遇的文物保育和街區改善的機會，但是政府目前的公眾諮詢文件不但對這些久待的改善要求視若無睹，反而豎立更多基建限制。對於這個計劃，只得又愛又恨。

期望失望中九線

表面看來，中九龍幹線是一個純粹地底車道土木工程的項目，其實它涉及西九規劃、油麻地榕樹頭舊區保育、沙中線何文田站社區設施、舊九龍城碼頭海邊區活化、啟德新發展區規劃等等，對社區民生模式和都市環境計劃具有深遠影響的議題。

可惜現時當局推出的公眾諮詢文件，只是巨細無遺地解釋交通和結構的考慮，在許多民生規劃上均欠交代。為什麼

文件只是說出行車隧道入口的結構必須以石屎蓋頂，接著便要求市民為蓋頂應該可以讓人使用或不能讓人使用的設計，須在兩者之間任選其一，從而避開交代這些離地幾層樓高的空中花園如何與現時舊區的街道串連？為什麼把警署設施搬到西九？為什麼把部分醫療服務搬到伊院，卻把美沙酮留在原地？為什麼要暫時掘開大片地面，不乘機重新規劃，把休憩空間、歷史空間、街道空間、攤檔空間有意義和有遠見地串連設計？

人性人文新思維

　　油麻地天后廟原先為了守衞漁民而面向港口，廟前空地原是作酬神戲曲或聚眾巡遊，而古時廟會攤檔則演變成為日後的廟街。

　　這麼就解釋了為什麼必須趁建造中九龍幹線而拆卸停車場大樓這百載難逢的機會，重新規劃公共空間，回復廟前空間的布局，讓它可作公共文化或慶節表演，以及重修廟街攤檔與天后廟的聯繫，以見證香港民間信仰文化和香港從漁港發展至商貿都會的重要歷史。

　　有港大文化遺產管理課程的同學曾經為廟街街檔作出詳細的實地訪查，並製成文化地圖（Cultural Mapping），發現廟街南、中、北三段街檔的模式存在密切關係，支持應該把廟街回復原形，從而讓街檔回復歷史的連續；亦有建築系同學設計在油麻地廟街一帶把地段重新分布、把廟街南北貫穿，並把街檔與廟前歷史廣場連結。

　　大學生既然可以因應社區肌理調查而作出相容的建築設計和整體公共空間的規劃，為什麼當局現時的設計仍然限於如此狹義的工程考慮呢？如今諮詢文件的方向將會不單是失去一個糾正當年錯誤的機會，更是主宰了未來百年的地區

肌理。因此我們好應該藉著現今工程仍未正式展開之際，促請政府改變一貫基建設計的純粹工程思維，轉而以社會、規劃、文化、和環境考慮為主導，方為正確取向。

計劃規劃總發展

因應七十年代麥健時報告（McKinsey Report）的建議而設立至今的，由局方決策交予署方執行的港府行政模式，已經不再適用於今天。

身為負責中九龍幹線的運輸署，有責任為這個項目的各方面考慮作出詳細的專業調查，應該主動帶領跨署跨局的工作小組，要求其他部門為中九龍幹線項目而引發的其他問題，包括文物保育、地段重劃、小販發牌、執法設施、醫療設施、公園管理、環境保護等要求，作出積極的可行性研究，再把這些林林總總的研究文件和建議方案，透明地公布和解釋，讓市民清楚知道社區的發展方向和決定。

我對中九龍幹線可能為油麻地帶來的機遇又愛又恨，希望政府不再狹義地視中九龍幹線為單純的交通改善項目，希望政府認真對這工程引發的社會問題作出全面的研究普查、規劃設計、透明溝通，方是香港市民的期望。

十三街的日與夜

張凱科

2018-06-16 原刊於《信報》

朋友 Him 在土瓜灣十三街辦 Workshop，取名「青春工藝」。顧名思義，裡頭的全是熱血分子，旨在讓傳統工藝得以傳承。透過工藝傳承，促進人與社區的溝通，從而重新認識及發現自己（真的浪漫到不行）。

當中有製作入榫小板凳的工作坊，另外甚至連花牌、白鐵等傳統工藝師傅，都在這個平台找到第二春，開班授徒。這樣子一做就是幾個年頭。「青春工藝」除了深受鄰近舊社區街坊的歡迎外，亦不時吸引各界傳媒報道，小小平台，大大宇宙。

好一陣子沒有跟 Him 聯絡，近日在 Facebook 發現「青春工藝」忽然成了「痛哭酒館」。適逢筆者最近生活不太如意，正好找向來鐵漢柔情的 Him 聚聚舊，吐吐苦水，痛哭一場。

說好的重建呢？

傍晚時分的十三街，車房師傅已完成一天工作，執拾行人路上各種東西，準備更衣下班；街上的雜貨店雖已打烊，但裡頭仍然燈火通明，員工圍著圓桌一起吃晚飯；有的甚至築起四方城，歡樂今宵。十三街的各種場景總是有著強烈的電影感。

「哈，你來得真合時，陳師奶剛好釀了秘製米酒。來，我們嚐一下！」Him 在十三街「打滾」幾年，在社區內人氣

特別高。這時候，街坊把「痛哭酒館」地鋪內的 DIY 木製桌椅搬到行人路上，讓室內的空間伸展到室外；有街坊帶來各式私房菜、佐酒小食等等。入夜後，街上奇妙地注入了生命力，一片香港昔日的城市景象。我坐在街上，一邊呷著蒸釀米酒，一邊看著各種人生百態。

下班時分，街上的人都加快腳步回家。我忽然發現很多人都抬著一大樽蒸餾水。愕然之間，Him 在旁說道：「十三街的舊樓除了樣子破陋，裡頭的屋宇設備亦非常惡劣。大家都擔心食水管道的老化問題，只好天天飲用蒸餾水。舊樓全都沒有電梯，所以有心的年輕人會替公公婆婆抬蒸餾水上樓。」我大概有點明知故問：「那麼重建有起色嗎？」Him 搖了搖頭，只替我和身旁的一位老伯添些酒。

老伯點起從口袋裡掏出的香煙，娓娓道來：「重建？10 多年來就只聞樓梯響。十三街這裡有 80 多幢舊樓，近八成無業主立案法團。收購的話，涉及 2000 多個單位 200 多個車房。重建住宅樓地積比上限只有 7.5 倍，但現時舊樓地積比已達六倍。金錢掛帥的大地產商，哪會對發展潛力這麼低的舊區有興趣？」老伯三言兩語，便道出典型的香港舊區重建死結的個案。身為建築師的我頓時語塞。

「你看，就連市建局都只是金錢掛帥，動不動就問錢從哪裡來。」老伯旁邊的大漢一口把酒喝掉，似乎再按捺不住情感：「其實大家都不反對重建，只是關注怎麼重建的問題。很多街坊在這裡生活了大半世，房子都破舊到這樣了，一看到有關塌樓的新聞就心寒。商業考慮下，私人發展商根本不可能作出收購；政府和市建局又從來只是取易捨難。有時大家會想，難道就讓房子慢慢破舊下去，直至有一天真的塌下來？」大漢呼出一口煙圈，彷彿把心底的什麼都釋放出來了。

席間，我心裡好像有些話想說，卻怎也說不出來。不知怎地，我想起自己當日為何要當上建築師；我想起當日的囍帖街和那香港首個民間發展規劃方案 —— 啞鈴方案。我不知道為何自己想起這些事，只是不由自主地整個人猛然墮進回憶裡去。

　　突如其來的結他聲把我喚醒，原來是剛才那個大漢正開始彈起結他。「哭泣聲絕無意義，它不會扭轉分開的心意，夢似是失去收結一首詩。」大漢聲線沙啞滄桑而充滿歲月感。我繼續呷著杯中物，大概有點淚將要掉下，也許這就是「痛哭酒館」。

　　我半夢半醒的在想，社會現正就土地供應進行大辯論，誰又在意這些舊區重建的死結議題？

鬧市中隱藏著的幾幢唐樓

黃家輝

2020-06-13 原刊於《信報》

　　近來好些朋友都問我有否到過旺角上海街的一個「新」地方 —— 是由一排十多幢唐樓經過保育、翻新、部分重建等，變身成的一個特色商場，當中包括有文化推廣及餐飲的地標；不過，當項目新推出的掌聲過後，我們發覺較多人只是留意到新駐場的食肆、商舖、社企參與營運的食堂等等，商場的活化唐樓則較少人留意，其實，項目當中的建築、歷史文化，都非常有趣味，而且值得參考與討論，不少朋友到訪這上海街項目後，都問我有關唐樓對香港有何重要、有何值得保留的價值等問題，引發我寫下這篇文章。或許，要讓人更了解唐樓的建築文化，先從唐樓歷史發展說起會比較好。

　　香港的唐樓發展大致可分為四個時期：最早期的唐樓在大約 1903 年之前出現，例子有中環威靈頓街 120 號（永和號）；第二個時期在 1903 至 1930 年代，例子有灣仔石水渠街（藍屋）；第三個時期由 1930 年至戰前，例子有已被活化的雷生春堂；最後的時期由戰後到 1970 年，例子有南昌街 14 號的為群公寓。而上海街的活化項目中的唐樓，正是戰前保留下來的建築物。

　　其實何謂唐樓？唐樓不是香港獨有，在國內的廣州、新加坡、馬來西亞等地方都保存著唐樓。隨著時代變遷，香港人口增長和市民的生活質素不斷提升，唐樓早已被完善設計的高層住宅建築所取代，剩下的數量已不多，而且多集中在舊區，面對人口老化和日久失修等問題，唐樓最終難逃拆

卸重建的命運。

然而在香港，唐樓在什麼情況下會成為早期市民的居所？我們不妨從市民的起居生活，了解一下香港唐樓的特色。

香港開埠早期，大量人口湧入香港以致人口激增，加上當年政府缺乏長遠房屋及土地開發政策，為了解決居住問題，在極有限資源下，便發展出一種窄長型積木房屋，約兩至三層的房屋類型，這便是早期香港人的居所。不少人的印象都認為唐樓設計建造比較簡陋，要行樓梯，最早期的唐樓亦出現洗手間欠缺排污設施等問題；但另方面，唐樓的優點在於室內樓底夠高，間格容易重置，因而受到某些人追捧。要分辨當年的唐樓或洋樓，不能單憑外觀可判斷，因為當時唐樓的建築風格受到殖民地時代影響，東西方建築風格已融為一體。但如果從設計間隔上分辨就簡單得多，多數洋樓在設計建造時有著鮮明間格，有客、飯廳、廚房、洗手間、睡房等；一般唐樓則沒有太多間隔，這是為了容納更多人居住，板間房排在長形的樓面上，任意加改數量，採光和通風當然就不理想，為了用盡每處空間，善用樓底高的特性，加搭閣樓作存物或床更是常態。從以上的描述，已足以反映當時香港人的生活艱苦，於居住環境上自然被迫妥協。

活化工程必有取捨

旺角上海街的活化唐樓改造而成的商場，乃由市區重建局策劃，項目由一排 14 幢唐樓組成，當中 10 幢是 20 年代的戰前建築物，4 幢是 60 年代所建。而 14 幢唐樓之中，只有兩幢全部保留，8 幢保留外牆，4 幢則清拆重建，「騎樓」立面的部分則保留原來的 13 條麻石柱等特色。我最近親身去參觀，當我在街道上沿著建築物外邊行走，有著彷彿時光

倒流的感覺，騎樓下的麻石柱上有當時地鋪的行業及鋪名，跟附近熱鬧的朗豪坊，有著強烈對比；當步入商場內，又有著牆內牆外的感覺，外邊麻石柱走廊和室內簡約裝修互相反映出兩個時代。在商場內蹓躂，發現室內刻意保留昔日建築特色，例如木窗、木拱門、地磚重置以作點綴。

我作為建築界的一員，明白到參與復修活化項目的團隊所面對困難及挑戰 —— 怎樣將原來的全部保留、完整地復修、同時間又能符合改變新用途的功能，當中一定會有所取捨。

現在的香港人對活化項目工程的期待及要求愈來愈高，如果大眾都存著相同理念，重視建築、文化保育，大家能懂得欣賞香港的建築，建築界朋友即使挑戰重重，亦會全力以赴、樂觀其成。

再見冬菇亭

陳雅妍

2018-06-30 原刊於《信報》

位於觀塘樂華邨冬菇亭的最後一檔泰興粉麵燒臘店，也於 3 月結業了。隨著時代不斷更迭，舊式露天冬菇亭將會很快絕跡香港。

關於冬菇亭的歷史，源於七十年代的公共屋邨發展。當時政府希望公共房屋能夠成為一個自給自足的社區，當中包括學校、雜貨店和街市；在公屋樓群的空地，還築起了一個個冬菇亭熟食檔。全盛時期，香港共有超過 50 個冬菇亭、200 多個熟食檔。

靈感來自新加坡

冬菇亭的雛形，靈感取材自新加坡的組屋和熟食中心。新加坡早於 1960 年成立建屋發展局，負責規劃及興建組屋；為了解決小販問題，便在組屋內興建熟食中心。熟食中心是一座平房劃分為兩邊不同的熟食檔，中間為食客用餐位置；半露天的設計，沒有冷氣提供。

香港的冬菇亭一般租予 4 個攤檔，面積約 45 平方米、高約 7 米。中央位置是廚房，拱形的排氣口供 4 檔共用。排氣口的設計除可排走熱氣，還可帶動空氣對流，就算沒有設置冷氣，也能讓座位比較涼快。

冬菇亭以紙皮石鋪砌上蓋，檔內沒有任何設施，檔主要自行裝修，為了用盡每一吋空間，檔主會以帆布加大檔口，放置更多桌子，但必須每日「朝桁晚拆」。

以前房屋署會規定熟食檔售賣的食物種類不能重複，保證冬菇亭能夠為街坊服務，提供價廉物美的民間美食。熟食檔提供食物的種類繁多，包括粉麵、燒臘、打冷、粥檔、點心及糖水，提供日常三餐和消夜等。已結業的泰興粉麵燒臘店 24 小時營業，提供粉麵、小炒及燒味等茶餐廳食品外，還有中式點心。

　　公共屋邨面臨老化，人口不斷減少。冬菇亭連同屋邨商場也由房屋署轉由領展經營。領展作為上市公司，追求資產增值，近年不斷把商場翻新拆售，冬菇亭也要換血革新。

　　領展於續約時除了加租外，更要求冬菇亭攤檔改裝翻新為提供冷氣的餐廳，或者改為一亭一店的經營模式。冬菇亭的街坊老店，逐漸改裝為便利店或大型餐廳酒樓。

　　香港人常常把香港的城市發展跟新加坡的比較，但在新加坡，熟食中心沒有遭商場吞併，而且成為當地人和遊客覓食的好去處。

　　當地街市租金便宜，一碟海南雞飯只售 5 元的小店，也能夠負擔租金。

　　除了商場連鎖店外，熟食中心也是市民的廉價選擇。近期香港有商場引入新加坡熟食中心的火紅店「天天海南雞」，作為首間海外分店。誰說熟食中心不能揚威海外？可惜香港的冬菇亭卻命運懸殊。

　　領展有權決定食肆提供食物的類別，不容許店主自由發揮。續約期間，領展可限制店鋪售賣的食品，若不符合其要求的檔次，將不獲續約，泰興粉麵燒臘店就是由於不能轉型為扒房或東南亞食肆，最終結業。

由七十年代到現在，冬菇亭不斷演變，如愛民邨的冬菇亭隨著人口老化，轉為只做早午市，只為公開大學的學生、附近上班族提供早餐和碟頭飯。

領展的發展方式

有人認為冬菇亭的衞生環境欠佳，半露天的設計在香港的氣候和多雨天的環境下，並不是舒適的用餐環境；而且冬菇亭靠近民居，油煙和噪音也為居民帶來滋擾。

現今市民飲食選擇多，冬菇亭不再是居民的唯一選擇。在領展追求資產增值的方針下，根據各種消費的數據矩陣，達致設定的利潤回報指標。

舊式有人情味的冬菇亭漸漸消失，最終變成一個個倒模式的商場。連鎖餐廳在香港各大小商場出現，社會進步反而令消費單一化，還是消費者根本沒有選擇的權利？

冬菇亭主要服務街坊街里，跟大型商場服務的顧客群不同。奈何在領展的管理下，擁有地區特色或是民生小店，全不受重視。全球一體化大氣候之下，單單為服務街坊的食肆還能夠生存嗎？

歷史不斷重演，以前為了解決小販問題而建冬菇亭，提高衞生環境；發展到屋邨商場，解決衣食住行的民生所需。也許在可見的將來，冬菇亭將會成為這一代香港人具有人情味的食肆的回憶味道。

埋沒了的不是古井 是機會

解端泰

2014-06-05 原刊於《信報》

　　近年，歷史學界都在討論一個新觀點：假如不是蒙古人的南侵，工業革命很有可能不會發生在 18 世紀的英國，而是提早 500 年、在 13 世紀的中國宋朝出現，今天世界的面貌將被徹底改寫……然而，這一切主宰世界軌迹的無盡可能，隨著南宋的突然覆亡而變得無疾而終。在偉大文明湮沒前的一刻，在悲壯的朝代劃上句號之前，歷史洪流裡竟然有香港的一章！

　　香港是大宋宿命上的一個巧遇：當年宋末，帝昺南逃至香港境內，在大嶼山登基，及後再退至崖門，眾將拼死一戰大敗，帝昺殉國，結束了宋代 300 多年的國祚。這段歷史，可歌可泣，華夏千年精神文明自此便無以為繼，漢族人經歷了史上第一次亡國，其中香港竟然擔當了一個角色！

　　800 多年前的宋代遺蹟，無意中被港鐵（066）沙中線工程撞上，筆者想指出的是，古井以外，我們對這段大時代歷史的冷漠和忽視，其實多年如一，彷彿宋朝跟香港沒什麼大不了的關係，這一點才值得我們深切反思！

　　大部分香港人對我城的歷史視野都只有 200 餘年左右，更遠的，因為遺物實證的貧乏，記載開始含糊，心理上我們都自然選擇不去深究；因此，香港常給人一種沒有英國就沒有香港的感覺。香港常被認為是個「近代城市」，我們對於這種被獨立隔離的「斬件式」歷史觀，非但沒抗拒，反而還

甚為滿足陶醉：我們都接受了 200 多年之前的香港反正還未開化，不提也罷。

這種畸形心態，是世上其他西方先進城市罕見的。西方社會，因為其城邦發展的背景，都十分重視「民族正名」的認受；西方人深信，愈遠古的城市，愈能反映其文化沉澱的豐厚，城市的居民便愈覺其民族身份的優秀和開化進步，所以他們一般都渴望把自己的歷史推得愈早愈好。

重大的歷史事跡，往往都充滿動人的故事性，是個可作無限發揮的創意泉源，西方國家是不會輕易放過的，輕則立碑記載，重則建城。例如在英國，「征服者」威廉一世（William the Conqueror）在 1066 年從諾曼第出兵渡海，在 East Sussex 的 Hastings 附近打敗哈羅德二世（Harold II），成為了現今英國的開元君主；當年 Hastings 戰場的小鎮為了紀念這場改寫國家歷史命運的戰役，乾脆改名為「戰城」（Battle），又建了一座戰城修道院（Battle Abbey），屹立至今。今天戰城中到處都是以歷史事迹為題材的景點和商舖，充滿了我們今天認知的英國文化氣色，讓尋根的人憶古思今，也提供了不少旅遊商機。

尊重歷史 利用歷史

套用現代一點和商業一點的說法，西方人很早已很會得「Branding」的竅門和其神妙之處；反觀香港，縱使幾乎所有香港人都知道「宋皇臺」的存在，但我們對香港這一點歷史註腳竟是視而不見！所謂的「宋皇臺花園」，也只不過是個馬路邊有點種植的迴旋處，全無發揮，更遑論在城市規劃層面上有任何結合歷史和文化的開發。香港的 Branding，就只得一個「購物天堂」，試問有多少自由行來港玩完之後，

除了廣東道的 Prada 和 Gucci，會對末代宋帝及其臨安遺民的事跡多了幾分認識？還說什麼國民教育，身分認同？

今天特區政府常說要在 18 區增建旅遊景點，但心中就只知有摩天輪、漁人碼頭和地下商業城這類人有我有的「行貨」，枯燥乏味。其實假如我們能正面一點、認真一點、具創意一點，宋朝文化是可以「名正言順」地為香港提供開發優質景點的無盡材料。宋代在科學、工商、文史及藝術領域上的成就，被譽為華夏文化巔峰，加上國難的悲壯，香港的因緣際會，只要我們能擺脫「宋城」那種低級建設思維，又或內地流行的那種「主題式景點」的造作，筆者相信，機會就在目前，我們應當好好把握和發揮，為香港在中國歷史巨輪上好好打一根穩紮的釘子。

今天沙中線碰上的幾口古井，可能真的只屬歷史鴻塵裡的一小點，無甚建築美學價值，但我們必須知道，今天被埋沒了的，不只是一些破碎的瓷片，而是真實地，有憑藉地宣揚和鞏固我城文化歷史底蘊的機會。

文化‧活化‧建築

陳雅妍

2017-11-25 原刊於《信報》

《施政報告》再一次提及活化工廈的措施，研究將工廈活化成過渡性房屋，細節有待研究結果。已落閘的活化工廈計劃，需要統一業權才可以提出申請，變相成為大業主將原有空置率高的工廈增值的一大法門。活化後的工廈，成為商場及假日市集的有荔枝角的 D2 Place，包括餐飲及共享工作間的有觀塘 The Wave。

當香港的工業日漸式微之後，曾經有一段時期，空置的工廈因為租金相對便宜，吸引不少地下樂隊進駐，作為表演場地。Hidden Agenda 作為獨立音樂界的紅館，無奈卻因為發牌等問題，7 年來搬了 3 次場地。在各部門的嚴厲檢控之下，最後在 10 月結束營業。

工廈內的黑盒劇場、練團室等，因為工廈活化計劃下，工廈炒賣熾熱，租金不斷上漲而被趕絕。取而代之進駐工廈的有網上寄賣店、工作坊、共享工作間等消費性產業，才能夠負擔較為高昂的租金。香港是否只容得下由政府牽頭的西九文化區，而由下而上的民間文化團體，生存空間卻要被不斷剝削？

北京 798 藝術區的衰落

參考北京 789 藝術區的經驗，在 2006 年以前，798 還是藝術工作者發展的烏托邦。位於北京朝陽區大山子地區，曾是中國電子工業的發源地。798 也因為合併前的國營 798

電子廠而取其名。電子業漸漸遷往租金及人工比北京更相宜的二三線城市發展。陸陸續續，朝陽區部分單位經過重組，畫廊、藝術家及雕塑家等逐漸進駐這空間偌大的工廠區。此後，藝術家各自將這個曾經是工廠的地方改造成不同文化作業的工作室。當眾多藝術家聚攏在一起，濃厚的藝術氛圍也逐漸在 798 形成。

但在 2008 年金融海嘯之後，畫廊相繼關閉。當代藝術中心的營銷虧損，亦有賣盤的消息，連海外的畫廊也開始撤離，取而代之的是酒吧、咖啡廳、紀念品店進駐 798。商業氣氛在擴展的同時，798 的藝術氛圍逐漸被削弱。當代藝術市場的崩壞，引發 798 的倒閉潮。資金相繼撤離，代表了 798 藝術區的衰落。這是一個失敗的例子，自由市場經濟主導之下，文化藝術在工廈只是過客。當經濟效益比下去之後，文化團體就如香港的例子，結果也是敗走收場。

在上海卻有另一種模式，讓文化藝術能夠在舊建築有一處安身立命之所。外灘一直也是各大銀行的根據地，而 10 年前所有的消費模式也是最高檔次的。海外進駐的名店、和平飯店、高級餐廳及老上海舞廳。高昂的消費，並不是一般上海老百姓能夠負擔。然而就在外灘的源頭，「外灘源」的發展，打破了這個局面，讓老房子在上海最高端奢華的外灘旁，尚有一處讓孕育文化喘息的空間。

外灘源位於上海外灘以北，蘇州河與黃浦江的交匯處。雖然離外灘十分近，卻一直沒有得到完善的發展。外灘源項目分三期發展，以「重現風貌、重塑功能」的宗旨，發展文化產業同時保留舊建築。「洛克·外灘源」是發展的第一期。區內把原有的亞洲文會大樓改建成「上海外灘美術館」，不但恒常舉辦展覽、與市民互動，亦包括工作坊、座談會。團

體亦會走上外灘源的街頭，舉辦不同形式的街頭表演。在繁華的地段建一所美術館，是多麼奢侈的選擇。

增文化產業生存空間

香港的活化項目，首要條件是要達到收支平衡。提交一個 5 年至 10 年的計劃書，賺取活化的建築成本及古蹟日常復修的開支。結果活化完成的建築，將原本的居民趕走，換上高檔次的名店，用舊建築作為包裝招徠。

結果，當區居民不能回到過去生活的地方，舊建築拆掉或改建後，成為另一大型商場或商店街。上海比香港幸福，因為尚有生活的空間。上海孕育文化藝術，是一種對市民的教育。「上海外灘美術館」的宗旨，是讓文化融入生活。不但支持舊建築的復修，上海市作家協會對本地作家的支持，每年挑選出作家簽約，還設立創作基地，照顧作家的生活，讓他們能無後顧之憂地創作。香港藍屋剛剛獲聯合國教科文組織亞太區文化遺產保護獎卓越獎項，就是以「留屋留人」的方法活化舊建築的硬件，更保留其中生活的人情味，因而獲得國際殊榮，也是一種肯定。希望藉著其他成功例子，讓政府反思，新一輪活化工廈項目計劃，除了作為過渡性房屋，亦能夠幫助本地的文化產業，讓它擁有一處生存的空間。

美國的黃與白 香港的藍與灰

洪彬芬

2013-04-04 原刊於《信報》

紐約的古根漢姆博物館（Solomon R. Guggenheim Museum）是美國二十世紀現代建築的代表作，亦是美國神級建築師弗蘭克·勞埃德·賴特（Frank Lloyd Wright）的臨終力作。它於 1959 年啟用，2008 年列為美國國家歷史地標，文化遺產地位毋庸置疑。

第一次見到古根漢姆的真身，跟照片上看到的一樣 —— 流線型外表、室內圓形中庭與斜坡道構成連續的展覽空間、奶白色的室內外牆壁⋯⋯對，毫無疑問，是白色的。誰會想到這簡單的白色，背後竟藏著一個保育建築師的掙扎。

交由大眾決定

Angel Ayon 是美國紐約 WASA / Studio A 的高級主任建築師，也是博物館 2005-2008 年間的復修項目建築師。初次見面，魁悟的 Angel 沒有一般美國人的傲慢，也沒有外表看來的高不可攀，出奇友善地向筆者這個陌生的異國同行道盡他面對的挑戰。博物館的混凝土牆壁由於經過五十年的歲月洗禮，已出現多處裂痕，須作修補，並重新髹油。

別小看這髹油翻新工程，就為了一個簡單的問題：「髹什麼顏色？」保育建築師得在背後花上不少工夫。

先是翻查舊文件、圖則和照片，看看有沒有以往油漆物料和顏色的記錄，再到現場抽取油漆樣本 —— 從那不到數毫

米厚的剝落顏料，抽絲剝繭地分析當中數十層不同時代的油漆顏色，保育建築師才可判斷哪種顏色才可代表建築物的重要歷史、建築或社會價值。

翻查資料和樣本分析只是花去時間罷了，最後判斷卻是個難纏的問題。前期工夫告訴 Angel，古根漢姆本是黃色的，經過多年多次翻新，由六十年代開始，變成了人所共知的白色。那究竟應該把它修復到原來的黃色，或是街知巷聞的白色呢？

從保育的角度看，黃色代表古根漢姆 1959 年的原本外貌，承載著它的建築價值和真實性；白色則代表它於 1992 年的重要改建，也承載著人們對它的集體回憶，兩者均有據點。

而且油漆完全可還原，選擇黃或白，理論上都符合國際保育守則。可是，面對古根漢姆這樣世界知名、舉國關注的文化遺產，又有誰可以估計和理順公眾對「白變黃」的反應？面對這個難題，Angel 跟他的團隊想到一個非常聰明的解決方法：既然古根漢姆屬於社會的資產，那就由社會大眾投票決定它的顏色吧！

藍與灰的取捨

在我而言，這不僅是個解決難題的方法，同時也製造了一個不可多得的機會，讓公眾知情、討論和參與 —— 再也不能找到一個更好的方法詮釋這座歷史建築。經報章解釋黃白背後的理念和呼籲市民投票後，結果如何？不用多說，當然是我所看到的白色！

回想香港，我們又應該如何處理藍屋的藍與灰？灣仔藍屋，是由石水渠街 72、72A、74 和 74A 四幢建築物組成，

現屬一級歷史建築。原來它屬私人物業，前三座於 1978 年由政府收購後，外牆塗上藍色，「藍屋」一名由此而來。另一座灰色的 74A 一直屬於私人擁有，數年前才由政府收購。當筆者還在政府古蹟辦工作時，就為活化藍屋的保育指引是否要求把藍屋全部塗上藍色，曾與同事有過一番討論。

理論上，從保育角度，只要油漆可以還原，塗上任何顏色均可接受。古蹟辦的同事亦較傾向以此作為保育指引。可是對筆者而言，藍色不僅是市民對這幢唐樓的集體回憶（雖然只有三十多年），也是政府回收該物業的象徵，因此不但要保留前三座的藍色，還要把 74A 一座也髹上藍色，以完成藍色外牆的象徵使命。

雖然筆者最後尊重同事的意見，但如果有像紐約的全民投票，筆者一定投「全藍色」一票！不知這個項目的保育建築師同不同意？

百年價值觀 始於足下行

梁以華

2017-04-08 原刊於《信報》

　　香港人對於英國牛津新學院（New College）的宏偉中庭和建築不會陌生，因為它曾經是一套極受歡迎的魔法幻想電影中的巫術學校的場景。學院建於 1379 年，是英國方型中庭布局式學院的先鋒，亦是英式垂直式哥德風格的俵俵實例。它建於 1386 年的餐堂（Dining Hall）莊嚴華麗，以示聚餐為傳統英式學院的重要禮儀。到了 19 世紀，餐堂需要大舉維修的時候，大家都為如何尋找可供替換那些巨大的橡木樑架的木材煩惱；據說有人就建議去找管理牛津大學後山樹林的園丁，於是名建築師哥德復興派大師吉伯史葛（Sir Gilbert Scott）就謙虛地請教長住林中的老主管，他竟然說：「你們現在才來找我嗎？我們等了幾百年啦！後山那幾株大橡樹就是當年建校時種植的，為的就是讓需要更換木樑的時機使用的。」最後故事圓滿結束，餐堂屋頂使用這些木材在 1865 年完成修復，延續輝煌的哥德建築遺產。

　　這個美麗的故事未必能夠證實真偽，但是卻發人深省。保護我們的建築遺產，甚至持續我們有價值的文物環境，需要的不單是一個項目的資源，亦不限於一段時期的政策，而是需要長遠的社會願景，即時的未雨綢繆。自從發展局成立以來，推動了不少保育項目，尤其是一些屢獲殊榮的活化再用項目。然而不時仍發生一些引起公眾不滿的古蹟拆卸危機事件，或是古蹟業主對當局政策無所適從的訴苦。似乎政策局方的一貫見招拆招的取向，和行政部門的慣行個別考慮的手法，只能是過往治標不治本的暫行方案，未能帶領這個社

會往一個可預見和可持續的目標前進。綜觀現時在保育本港文物環境的關口,本文建議可以從規劃、制度、專才及資源四方面宏觀政策入手。

首先是發展規劃的理念。英國早在 1947 年訂立《城市及郊區規劃條例》;時至今天,英國每區均備藍圖,如果在舊城更須劃出「保育區域」(Conservation Area)。國內亦在 2008 年通過《歷史文化名城名村保護條例》授權市政府劃出「歷史街區」控制「高度、體量及外觀」等。歐美與國內經驗不謀而合,設「保育區域」遠比把個別建築評級更有效保護整體地區人情風貌。然而控制發展就必須面對地產市場的法理挑戰,劃訂保育區的前提是設立透明而公正的機制。香港起步已遲,是時候迎難而上。

接著是文物制度的問題。私人業主或持份者包括新界村民、唐樓屋主、舊校校長或私廟廟祝等等,他們不是政策官員、不是保育專家,在現時透明度不高的歷史建築的評審機制及業權發展規限的情況下,擔心自己物業一旦被列為歷史建築後是否全幢不可改動,轉而索性抗拒,是可理解的。當下需要的並非更嚴峻的保育法律,而是更靈活的互動機制。加拿大政府列明評級建築需要保存的「特徵元素」而非強求

整座建築不准改動；英國地方政府更列出鼓勵拆除的「負面元素」，變相利用市場力量推動私人業主投資維修或活化之時拆卸礙眼物，使保育成為物業發展的朋友而非天敵。融合發展與保育的制度當然非一朝一夕到位，但是理應盡早推動。

展開保育長遠政策未太遲

再下來是專才培訓的議題。所謂「十年樹木、百年樹人」，並不能單靠一些尖端學位急速訓練公僕。這一代的政府及業界同樣任重道遠。要意識到社會需要的是，讓現職物管人員和維修工程隊伍學習良好的基礎維護歷史建構的態度、讓中小學老師增長文物通識以引領學童以開放角度接觸建築遺產，甚至普及傳授予教士和廟祝提升保養自身看管的歷史建築的警覺。

最後是資源問題。業內專家們抱怨判頭偷工減料，其實師傅們都心知理想工料無法實現。例如修復灰塑裝飾需要的石灰、重建中式屋架的木材和清漆、西式建築的花紋瓷磚等等，都不是個別保育工程的工期或預算可以進行。其實公營機構作為保育業內領導，可以安排集中特殊古蹟物料供應及修復技藝培訓。社會有聲音關注保育工程過分昂貴，其實可以換個較宏觀的角度來看：盡量改良古舊建築設施提升使用，甚至活化再用古蹟提供社區十分需要之公共服務，或香港老區極之缺乏的公共空間，其實是項善用公共資源的德政。

香港社會可以改變以短暫營利主導普羅大眾價值觀的路向，而推動保護及認識本土文物則可為社會建立持久的正能量。雷厲風行的政策何難？凝聚社會的共識何價！「千里之行、始於足下」。牛津的古蹟可以用幾百年來籌備未來的修復，香港的社會現在展開優化保育本地文物的長遠政策還未太遲。

悼建築師何弢

郭永禧

2019-04-27 原刊於《信報》

　　適逢今年是包浩斯（Bauhaus）創立 100 周年，世界各地都有不少相關的慶祝活動。可是遺憾地，與包浩斯創立人德國建築師格羅佩斯（Walter Gropius）有莫大淵源的香港著名建築師、香港特區區旗、區徽設計師何弢博士，卻於今年 3 月 29 日離開世界，主懷安息。

　　何弢於哈佛設計研究院深造，攻讀建築及城市設計的第一年，認識了格羅佩斯，往後更成為他的助手約 4 年。

輾轉成為格羅佩斯助手

　　格羅佩斯於 1919 年成立包浩斯設計學院，校名 Bauhaus 是德文 Hausbau 的倒裝，指「房屋建築」。他認為藝術美學應該重視簡約、實用、經濟，改善大眾生活，富社會主義理想；相對地，重視裝飾美學的古典主義建築，於當時革命時代的社會變得不合時宜。包浩斯設計學院以扎實的工藝製作為教學前提，主張結合藝術與工藝，並採用特有的師徒架構，所有學生於修讀半年基礎課程後，再選擇參與感興趣的工作坊，跟隨藝術家與工匠雙軌學習。

　　1933 年初納粹取得德國政權，受到納粹迫害的包浩斯被迫關閉。這場政治動亂驅使格羅佩斯 1934 年先前往英國短暫居住與工作，並於 1937 年前往美國，隨後在哈佛設計研究院任教。1960 年，何弢在美國麻省威廉姆斯學院獲取文學士學位，主修藝術歷史，副修宗教和音樂；及後獲取獎

筆者繪畫由何弢設計的樂富永光堂。

學金，保送哈佛設計研究院深造，認識格羅佩斯，成為他的私人助手。

何弢曾經憶述格羅佩斯公司秉承了德國人理性的傳統，工作氛圍充滿理性，令他在耳濡目染下，人也變得理性起來，停止了以往的興趣——畫畫，近 30 年。何弢轉述格羅佩斯說過，感性跟理性要在內心裡面打一場內戰，創作是感性的火花，如果理性在這場內戰中佔了上風，創作的激情就給壓住。而這內戰一直在何弢的心內是不斷地進行。

何弢曾著文表達他對包浩斯的看法。他認為包浩斯的中心精神是要努力顯示藝術和科技能夠融合，而現代化是技術和人類精神的共同產物。包浩斯最關心的是，建築設計既要實用又要滿足人的心理需求；不只是功能性和機能決定形式（Form Follow Function），也不是國際風格（International Style）。何弢認為三十年代整個現代化運動是誤解了包浩斯真正精神，令建築師忽略了建築的區域、民族和地方文化。

說起何弢的代表作，不得不提香港藝術中心。那時候何弢覺得香港是文化沙漠，作為建築師，必須富有社會責任，結果何弢與白懿禮（S.F. Bailey）和盧景文聯手倡議興建藝術中心，向政府要地和向社會各界籌錢。

香港藝術中心這個具實驗性的建築物，設計注重建築外形與實用性。何弢用盡了 100 呎乘 100 呎的細小地皮，設計出一座樓高 16 層的垂直建築。藝術中心中庭大膽外露出當時設計有如雕塑一樣，直通 4 層的黃色通氣喉管和三角形走火樓梯；外牆、窗戶和天花結構均是三角形。

流露的童心和社會責任感

中心不像香港常見的建築物，並沒有安裝假天花，混凝土結構天花由三角形的預製玻璃纖維模型倒模而成，顯示出結構的美學。在細節上，何弢也是一絲不苟，7 層樓梯地氈顏色漸變，如同畫家梵高的畫作，每一層的紅色都夾雜了不同程度的藍、紫、黑，產生和諧美感。

另一個精心設計則是香港五旬節聖潔會永光堂，他把半圓教堂置於地面，外牆裝上一條條弧形窗戶，不讓陽光直射，引側光入室。何弢並沒有把教堂置於頂樓，反從信眾角度出發，置於地面，方便教堂儀式舉行和人流安排；他更破格地把標誌性的教堂三角形放在旁邊最高處，整座建築於20 年後的今天來看，都是前衛得來而且人性化。進入教堂內，抬頭看到的 6 條彩色玻璃天窗，每條描述上帝 6 天創造宇宙每天的故事，彩繪是由數百張兒童畫作組合而成，整個作品名為「創世紀」。

除了宏偉的建築設計外，何弢也曾帶領小朋友繪畫了160 多幅圖畫，並拼湊成一幅長 60 米的巨型壁畫，作為北

角地鐵站渣華道通道的藝術設計、永久擺放的藝術品。何弢認為與小朋友合作創作巨型壁畫，由居於北角的小朋友以純真筆觸畫出區內景致，能流露出真摯純樸的情感。由此看見何弢的童心和社會責任感。

何弢被譽為香港現代生活中罕有的奇才，集規劃師、建築師、設計師和藝術家於一身。除此以外，他一生突破界限，不甘於被困難約束，能成功影響和推動身邊的人，相信他的理念。何弢也是一位基督徒，他曾受訪表示，基督教義為其人生的教訓，並認為重點是神的愛，把天國建在人間，如主禱文中「願你的國度降臨，願你的旨意行在地上如同在天上」一樣。基督徒應該積極而入世，何弢也自喻自己作為基督徒建築師是背負十字架在世間執業。

正如對何弢有莫大影響的神學家迪特里希·潘霍華（Dietrich Bonhoeffer）在受納粹處死前說過：「這是生命的結束，但在我卻是生命的開始。」何弢一生所發出的光芒和對社會的貢獻，打過美好的仗，跑盡了當跑的路，對香港幾代建築師和社會各界影響良多，留下的傑出作品亦惠澤後世。

致謝

本書文集所有會員作者，能在百忙之中撰寫文章及提供圖片，對編者而言，感激之情，溢於言表。

出版過程承蒙以下企業單位和學會會員贊助出版費用，以及學會會長蔡宏興建築師及學會規劃及城市設計委員會主席程玉宇建築師撰寫序言，使付梓完成，在此一併致謝。

謹將此書送給學會作為六十五周年的禮物。

■ 編輯團隊

企業單位贊助

1. Chau, Ku & Leung Architects & Engineers Ltd.
   周古梁建築工程師有限公司
2. CL3 Architects Limited
   思聯建築設計有限公司
3. DLN Architects Limited
   劉榮廣伍振民建築師有限公司
4. Leigh & Orange Ltd
   利安顧問有限公司
5. Lu Tang Lai Architects Limited
   呂鄧黎建築師有限公司
6. OIYN Limited
   柔豐有限公司
7. P&T Architects and Engineers Limited
   巴馬丹拿建築及工程師有限公司
8. Ryder (Asia) Limited
9. SLHO & Associates Limited
   何世樑建築設計有限公司
10. Spence Robinson Limited
    馬海（建築顧問）有限公司
11. via architecture limited
12. Will Power Architects Company Limited
    鴻毅建築師有限公司
13. Wong & Ouyang (HK) Limited
    王歐陽（香港）有限公司

    （排名按英文字頭排列）

學會會員贊助

1. LAM Siu Kwong Andy 林兆光先生

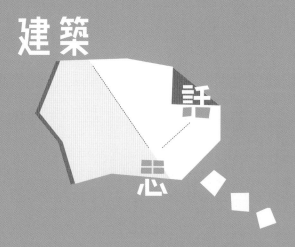

書名： 建築思話

編者： 香港建築師學會

編輯團隊： 張凱科、郭永禧、陳俊傑、蕭鈞揚、青森文化編輯組

鳴謝： 提供文章的作者（按筆劃排序）

伍灼宜、何文堯、何建威、吳永順、李欣欣、林禮信、
洪彬芬、胡漢傑、郭永禧、陳俊傑、陳祖聲、陳紹璋、
陳健鏘、陳雅妍、陳皓忠、陳頌義、陳澤斌、張文政、
張凱科、張量童、許允恆、梁文傑、梁以華、梁喜蓮、
梁樂堯、區紹文、麥喬恩、馮永基、黃家輝、黃朝龍、
雷卓浩、解端泰、楊燕玲、鄭仲良、鄭炳鴻、蕭鈞揚、
關紹怡

設計： 4res

出版： 紅出版（青森文化）

地址： 香港灣仔道133號卓凌中心11樓

出版計劃查詢電話：(852) 2540 7517

電郵：editor@red-publish.com

網址：http://www.red-publish.com

香港總經銷： 聯合新零售（香港）有限公司

出版日期： 2022年9月

圖書分類： 建築

ISBN： 978-988-8822-20-1

定價： 港幣 118 元正